JN088296

奥山 格 著

酸と塩基の
有機反応化学

CHEMISTRY OF ORGANIC REACTION

丸善出版

はじめに

　この緑の地球で多くの生命を育んでいるのは有機化学であり，私たちは有機化学の世界に住んでいるといってもよい．何千万種類という有機化合物があるばかりか，さらにそれらの反応によって新しい有機化合物が生み出され，有機反応によって生命の営みが制御されている．有機化学者は有機反応を用いて有用な物質をつくり出し，私たちの快適な生活を支えている．そのような有機化学を学ぶためには有機反応を理解することが重要である．しかし，多種多様な有機反応を暗記もののように考えても理解には及ばない．覚えたことは忘れるもの．忘れたことは調べればよいが，覚えただけでは発展的な理解にはつながらない．反応がどのように進むのか，反応機構を糸として紡ぐように縦横に関連づけて有機反応の化学を学んでいこう．

　これまで，著者は"反応機構"と題する著書を何冊か著し，電子の動きを軸に説明してきた．"酸・塩基からのアプローチ"という考え方も提案したが，本書ではさらに一歩進めて"酸と塩基が反応する"という立場で有機反応をとらえ直してみよう．有機化合物は，広い意味で，すべて酸あるいは塩基であり，両方の性質をもっているものも多い．有機化合物の酸性と塩基性を見極めれば，塩基から酸に電子対が動き，結合の組換えを起こして反応を達成することが分かる．このような考え方で，有機反応の化学を一から考えていこうとするものであり，初学者にも分かりやすく反応の基礎から解説する．大学院入試に備えて有機化学を総復習するためにも，新しい視点から統一的に学習することができるはずだ．学生諸君は反応を覚えるのではなく，反応を説明できるように学んでほしい．さらに進んで興味ある反応がどのように進むか反応機構まで予測できるようになり，有機化学の発展的な内容も十分にこなすことができるようになるだろう．

どのように有機化学を学ぶのか？

　酸・塩基といえば HCl やカルボン酸のようなプロトン H^+ を出す化合物と NaOH や NH_3 のような H^+ を受け取る化合物を想像し，典型的なものとして溶液中における次のような反応が頭に浮かぶだろう．

$$H_3N: \quad H-Cl \longrightarrow H_3\overset{+}{N}-H + Cl^-$$

塩基　　酸

　それに，ルイス酸とよばれる種類の酸もある．ルイス酸は電子対を受け入れて結合をつくる．たとえば，典型的なルイス酸塩基反応として次のような反応がある．

$$CI^- \quad AICl_3 \longrightarrow CI-\bar{A}ICl_3$$

　　　　塩基　ルイス酸

よくみられるルイス酸は金属塩であり，有機化学反応ではあまりお目にかからないものだと思っていたかもしれない．しかし，ルイス酸塩基反応の形式は有機極性反応にもよくみられる．

　代表的な有機反応のクロロメタンと塩基の反応をみると，最初にみたプロトンを出して反応する典型的な酸の反応とよく似ている．プロトンの代わりにメチル基を出してアンモニア塩基と反応しているものとみなせば，クロロメタンは炭素中心の酸と考えることができ，ルイス酸の一種として分類できる．

$$H_3N \quad \overset{\overset{H}{|}}{\underset{\underset{H}{|}}{C}}-CI \longrightarrow H_3\overset{+}{N}-\overset{\overset{H}{|}}{\underset{\underset{H}{|}}{C}}H \quad + \quad CI^-$$

　　　塩基　　　　　　　　　　　　　
　　　　　　ルイス酸

　もう一つ別の例として，アルケンと HCl の反応を考えてみよう．アルケン（エテン）の二重結合は σ 結合と π 結合からなり，π 結合は弱く電子の広がりも大きいので，その π 結合電子対を出して酸と結合する．この反応も最初の酸塩基反応とよく似ている．違うのは，塩基から供与されるのが非共有電子対ではなく π 結合電子対であるというところだけである．

$$\overset{H}{\underset{H}{}}C=C\overset{H}{\underset{H}{}} \quad H-CI \longrightarrow \overset{H}{\underset{H}{}}\overset{+}{C}-C\overset{H}{\underset{H}{}}-H \quad + \quad CI^-$$

　　　　　塩基　　　　酸

　ここであげた例のように有機極性反応は，一般的に酸塩基反応として理解することができる．結合組換えにおいて2電子が対になって動くような反応を極性反応と定義できるので，極性反応はすべて酸塩基反応の定義と軌を一にしている．この本では，有機化合物の酸と塩基がどのように見分けられるかを説明し，有機極性反応が酸と塩基の反応として統一的に理解できることを示す．上にあげた反応例で気がついたかもしれないが，分子の塩基性中心と酸性中心を◯と■で示し，新しくできる結合を色で表している．

本書の構成

　酸・塩基の話を進めていくために必要な基礎的な事項として化学結合と分子軌道，非結合性相互作用などについて，1章で簡単に説明する．必要に応じて復習の手引きとすればよい．2章では酸・塩基の基本的な問題を整理し，有機極性反応をどのようにみていくか，一般的な考え方を述べる．3章から反応の種類ごとに例をあげながら学習していく．3章と4章はπ結合の関わる酸塩基反応としてアルケンとベンゼンの反応をまとめている．5章と6章ではヘテロ原子との結合をもつ飽和化合物の反応として置換反応と脱離反応について調べる．7章のテーマは極性二重結合のカルボニル基への付加に関連した酸塩基反応である．8章ではカルボニル基の隣接位水素の脱プロトンで生じる共役塩基，すなわちエノラートイオン，そして類似の電子豊富なアルケンの反応について考える．最後に9章で，酸と塩基が触媒としてどのように反応を促進するか説明し，酵素反応や有機分子触媒への展開についても言及する．

謝　辞

　2008年に新しい有機化学の教科書［奥山 監修，"有機化学"，丸善出版（2008）；改訂2版（2016）］をまとめるに当たっては全国の有機化学担当者から貴重なご意見を寄せて頂いた．そして，その教科書を採用して頂いた先生方だけでなく学生諸君からも様々なご指摘やご意見を伺うことができた．これらがすべて著者の糧となり，その後の著作にも反映させられたと思う．また，教科書の共著者になって頂いた先生には著作を進める過程でも多くのことを教えて頂いた．今回の企画については渡邊総一郎（東邦大学），石井昭彦（埼玉大学），箕浦真生（立教大学），上村明男（山口大学），武田亘弘（群馬大学）の各教授からも有益な助言を賜った．とくに渡邊総一郎先生には全編を通読していただき，様々なご指摘を頂いた．最後になるが，丸善出版株式会社の小野栄美子，長見裕子両氏をはじめとする編集部の皆様には企画段階から大変お世話になった．これらの多くの方々に心から感謝の意を表する．

　2021年6月

奥　山　　格

目　次

1 有機分子の構造と相互作用

　有機化合物の酸・塩基の性質を考えるためには，その分子の組み立てがどうなっているのか，理解しておく必要がある．分子は化学結合で組み立てられているので，最初の章で化学結合と分子軌道について復習しておこう．すでに十分理解している読者はこの章を飛ばしてもよい．

1.1　共有結合

1.1.1　ルイスの考え方

　原子の振舞いを考える上で最外殻電子（価電子）が重要であることから，G.N. Lewis（ルイス）は価電子を点で表す原子や分子の表現法を提案した（ルイス構造式）．そして，最外殻が 8 電子（オクテット：s^2p^6）で満たされると貴ガス元素のように安定になると考えた（オクテット則）．ただし，水素の最外殻は 2 電子（$1s^2$）で満たされる．この考えに基づいて，原子が 2 電子（電子対）を共有することによってオクテットを達成して結合をつくるという共有結合の概念を提案した．したがって，価電子は分子内では結合電子対（共有電子対ともいい，線で表す）と非共有電子対（孤立電子対ともいう）の形で存在する．簡単な分子のルイス構造式の例を次に示す．結合電子対は線で表している．

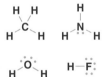

1.1.2　化学結合の軌道モデル

　電子は，実際には軌道に入っている．原子では原子軌道（AO）に入っており，分子では分子軌道（MO）に入っている．複数の原子の AO が相互作用すると同じ数だけの MO ができ，その MO に電子が入って結合をつくる．

　たとえば，H—F の結合は H の 1s AO と F の 2p AO の重なり（相互作用）によってできる．図 1.1 に示すように，二つの AO が相互作用して二つの MO ができてくる．軌道エネルギーは H の 1s AO よりも F の 2p AO のほうが低く（欄外におもな原子の軌道エネルギーを示す），エネルギーの低いほうの AO が高いほうの AO を取り込むような形で変形して安定化し，結合性 MO をつくる．一方，エネルギーの高いほうの AO は低いほうの AO を引き

Gilbert N. Lewis
（ルイス，1875〜1946，米）
1902 年に価電子を点で表す原子のルイス表記を提案し，1916 年にはオクテット則と共有結合の概念を発表した．これに基づいてルイス構造式が書かれる．さらに 1923 年には，電子対に基づく酸塩基の概念を提案した．

AO のエネルギー（$eV^{a)}$）

H	(1s)	−13.6	N	(2s)	−27.5
Li	(2s)	−5.4	N	(2p)	−14.5
C	(2s)	−21.4	O	(2s)	−35.3
C	(2p)	−11.4	O	(2p)	−17.8
C	(sp)	−16.4	F	(2p)	−21.0
C	(sp²)	−14.7	Cl	(3p)	−15.1
C	(sp³)	−13.9	Br	(4p)	−13.7
			I	(5p)	−12.6

a) $1\ eV = 96.5\ kJ\ mol^{-1}$.

算する形で取り込んで不安定化し，反結合性 MO をつくる．結合性 MO に
2 電子が入って安定化すると，その安定化によって結合ができる．H—F の
結合電子は F のほうに偏っている．

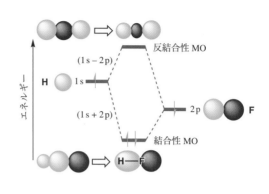

▶ 図 1.1
**軌道の重なりによる H—F 結合の
生成**
軌道のローブの色の違いは軌道を表
す数学的関数の符号の違いを示して
おり，電子密度には関係ない．

1.1.3　結 合 の 極 性

　HF の例にみられたように，結合電子は AO エネルギーが低い原子のほう
に偏る．異なる原子間の結合は，結合電子対が偏っているので極性をもつ．
代表的な結合の極性を部分電荷で表すと次のようになる．

$$\overset{\delta+}{H}-\overset{\delta-}{F} \qquad \overset{\delta+}{C}-\overset{\delta-}{Y} \qquad \overset{\delta+}{C}=\overset{\delta-}{O} \qquad \overset{\delta+}{Li}-\overset{\delta-}{H}$$
$$(Y=N, O, ハロゲン)$$

　N，O，ハロゲンなどのヘテロ原子と C との結合では，結合電子がヘテロ
原子のほうに偏る傾向がある．原子が結合電子を引きつける傾向を表すパラ
メーターとして電気陰性度が提案されている．表 1.1 の周期表に数値を示し
た．右上にいくほど電気陰性度は大きくなる．

Linus C. Pauling
（ポーリング，1901〜1994，米）
1920 年代後半から 1930 年代に，
共有結合の軌道表現，電気陰性
度，混成軌道，共鳴理論など有機
化学の基礎となる概念を提唱し，
1939 年に "化 学 結 合 論（The
Nature of Chemical Bond）" の著
作にまとめた．これらの業績に対
して 1954 年度ノーベル化学賞が
授与された．

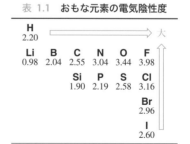

表 1.1　**おもな元素の電気陰性度**

H 2.20				大 →
Li 0.98	B 2.04	C 2.55	N 3.04	O 3.44	F 3.98
		Si 1.90	P 2.19	S 2.58	Cl 3.16
					Br 2.96
					I 2.60

問題 1.1

　次の結合の極性を示せ．

　C—N　　C—Cl　　C—Li　　N—H　　O—H

1.2　分子の形と軌道の混成

　分子の形は結合の角度で決まっているが，結合は分子模型のように硬い棒のようなものではない．結合力は電子によってつくられているが，その電子密度の領域は静電反発によって互に遠ざかろうとする．その結果が分子の形をつくる．メタンの四面体形（結合角 109.5°）やエテンの炭素の平面三方形（結合角 120°）はその結果である．

　孤立した炭素原子の価電子は 2s AO と 2p AO に入っているが，有機分子の結合電子は四面体形や平面三方形になった軌道に入っているはずである．そのような結合をつくるための軌道を AO として表すために混成軌道の考え方が Linus Pauling（ポーリング）によって提案された．孤立した原子の 2s AO と 2p AO が混じりあって再構成された形で表した AO を混成軌道という．

　すなわち，四面体形炭素の等価な四つの結合は，2s AO 一つと 2p AO 三つが混じりあって再構成されてできた新しい等価な四つの AO を使って形成される．これが sp^3 混成軌道とよばれる AO であり，109.5° の角度をなして四面体形の方向を向いている（図 1.2a）．同じように，2s AO 一つと 2p AO 二つが混じりあうと sp^2 混成軌道とよばれる AO が三つでき，この混成軌道は 120° の角度で平面三方形を形成している（図 1.2b）．さらに，2s AO と 2p AO が一つずつ混じりあって直線状の sp 混成軌道が二つできる（図 1.2c）．sp^2 混成炭素と sp 混成炭素には 2p AO が残っていることにも注意しよう．

Point

四面体形炭素の結合二つずつでつくる二つの面は図 1.2a の右側に示したように直交している．

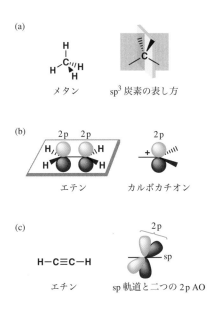

(a)

メタン　　　sp³ 炭素の表し方

(b)

2p　2p

エテン　　　カルボカチオン

(c)

H–C≡C–H

2p
sp

エチン　　　sp 軌道と二つの 2p AO

◀ 図 1.2
3 種類の混成炭素と 2p 軌道
(a)　sp^3 混成炭素
(b)　sp^2 混成炭素と 2p 軌道
(c)　sp 混成炭素と 2p 軌道

1.3 σ結合とπ結合

アルケン（エテン）の二重結合は，図 1.2b に示したように sp² 混成炭素からできている．二重結合は 2 種類の結合からなり，一つは図 1.3a に示すように sp² 混成軌道どうしが正面から重なりあってできている（図 1.2b では線で表した）．その MO は結合軸に関して円筒対称で，そのまわりに回転しても重なりは変化しない．このような対称性をもつ結合を σ（シグマ）結合といい，それに関わる MO を σ 軌道という．

もう一つの結合は 2p AO どうしの側面からの重なりででき，できた MO はエテンの分子面に対して対称になっている（図 1.3b）．このように対称面をもつ結合を π（パイ）結合といい，それに関わる MO を π 軌道という．π結合は結合軸まわりに回転すると軌道の重なりがなくなり切れることになるので，二重結合は事実上回転できない（図 1.3c）．

エチンは，sp 混成軌道で σ 結合をつくり，直交した 2 組の 2p AO で π 結合を二つつくっている．三重結合は，σ 結合と二つの π 結合からできている（図 1.3d）．

Point

炭素の混成軌道と H の 1s AO からなる C—H 結合も σ 結合であり，前ページでみた H—F 結合（図 1.1）も σ 結合である．

▶ 図 1.3

σ結合とπ結合

(a) エテンの C—C σ 結合
(b) エテンの π 結合
(c) 二重結合の回転
(d) エチンの三重結合

(a)

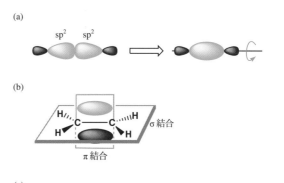

(b)

(c)

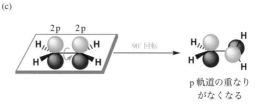

(d)

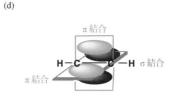

1.4　電子の非局在化

1.4.1　共　役

　1,3-ブタジエンのように，二重結合が単結合でつながっているような構造は sp^2 炭素が結合してできており，$2pAO$ が π 結合をつくるように相互作用できる．すなわち，図 1.4 に示すように四つの $2pAO$ が並んでおり，$2pAO$ は二重結合で表した C1—C2 と C3—C4 だけでなく，C2 と C3 の間でも相互作用できる．結果的に，隣接する二つの二重結合の π 電子は相互作用することができる．このような二重結合は共役しているという．

Point

三つ以上の AO が相互作用する現象を共役という．3 原子の共役系としてアリルアニオンがある（2.7 節参照）.

◀ 図 1.4
1,3-ブタジエンとその $2pAO$

1.4.2　芳香族性

　ベンゼンは 6 個の sp^2 炭素からなり，正六角形の平面構造をもつ．各炭素には $2pAO$ があり，これらの環状に並んだ軌道は互いに相互作用できるので 6 電子が環状に非局在化し，特別な安定性を得ている（図 1.5）．この安定性を芳香族性という．六つの $2pAO$ が相互作用すると六つの πMO ができ，その電子配置に基づいて安定化している．

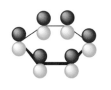

◀ 図 1.5
ベンゼンの $2pAO$ と環状 π 電子系

　もっと一般的に分子式 $(CH)_m$ で表される炭素数 m の環状共役系が平面構造をもっていれば，各炭素の $2pAO$ が相互作用できる．相互作用する電子数が $m = 4n + 2$（n は 0，1，2 などの整数）の場合には，その πMO の電子配置からベンゼンと同じように π 電子の環状非局在化による特別な安定性（芳香族性）が得られる．すなわち，一般的に環状 $(4n + 2)\pi$ 電子系が芳香族といえる．

　ヘテロ原子を含む五員環不飽和化合物やアニオンは非共有電子対を含めて 6π 電子系であり，環状に相互作用できる．七員環のカチオンも七つの $2pAO$ が環状に相互作用でき，6π 電子系になるので芳香族性をもつ．

Check!

この芳香族性の理論は 1931 年に Erich Hückel（ヒュッケル，1896〜1980，ドイツ）によって発表されたので，ヒュッケル $(4n + 2)$ 則とよばれる．

シクロペンタ
ジエニドイオン

ピロール

シクロヘプタ
トリエニリウムイオン
（トロピリウムイオン）

問題 1.2

次に示す分子やイオンのうち芳香族性をもつのはどれか.

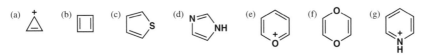

1.5　分子間相互作用

　分子は互に弱い相互作用で集合体をつくり物理的な性質を示している. 極性分子は分子内の電子の偏りによる双極子をもっているので, 正電荷末端と負電荷末端が互いに近づいて静電引力で引きあう. 極性分子の双極子は近くの無極性分子の電子雲を歪ませ, 誘起双極子をつくり出す. 無極性分子の中でも電子は常に動いており瞬間的に双極子を発生している. このような瞬間双極子も近くの分子の電子雲を歪ませ引力相互作用をもつ. すなわち, 分子の種類によって双極子-双極子相互作用 (配向力), 双極子-誘起双極子相互作用 (誘起力), そして分散力とよばれる瞬間双極子による相互作用が発現する. 分散力は分子間の接触面積が大きく, 分子内の電子が動きやすい (分極率が大きい) ほど大きい. これらの非結合性相互作用はファンデルワールス力ともよばれる.

　しかし, 直接結合していない原子が近づきすぎると電子間の反発が生じる. この不安定化要因はファンデルワールス反発あるいは障害斥力とよばれ, 立体ひずみや立体障害の原因になる.

　また, 分子中の O—H や N—H 結合は電子の偏りが大きいため H が電気的に陽性になり, 別の原子の非共有電子対と強い相互作用をもつことができる. この相互作用は水素結合とよばれるが, 酸塩基相互作用にほかならない (欄外図).

　分子間相互作用によって液体が形成され, 溶液をつくっている. ほとんどの有機反応が溶液中で起こっているので, 溶液中における分子間相互作用は酸性度, 塩基性度, そして反応の推進力にも大きく関係している. このような溶媒の影響は溶媒効果とよばれる (5.2.4 項参照).

1.6　立体化学と異性体

　分子構造は紙面に平面的に描かれるが, 実際には四面体形のように三次元の構造をもつものが多い. 分子の三次元の関係は立体化学とよばれる. 分子式が同じで構造の異なる分子を異性体というが, 原子の結合順が異なる異性体を構造異性体といい, 立体化学が異なる異性体を立体異性体という.

Point

分散力は一つずつは小さいが, 配向力と違って分子間の配向に関係なくあらゆる分子間に生じる引力なので, ファンデルワールス力のおもな要素になっている.

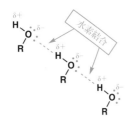

1.6.1　シス・トランス異性

　二重結合や環状化合物では結合が回転できないので，置換基の向きによって，次の例のようなシス・トランス異性体が生じる．

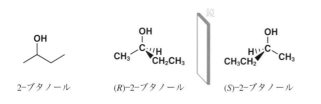

Check!

アルケンのシス・トランス異性体のE,Z命名法については，奥山・石井・箕浦，"有機化学 改訂2版"，丸善出版（2016）の3.7.2項を参照するとよい．

cis-2-ブテン　　　trans-2-ブテン　　　cis-1,4-ジクロロ　　　trans-1,4-ジクロロ
(Z)-2-ブテン　　　(E)-2-ブテン　　　　シクロヘキサン　　　シクロヘキサン

1.6.2　鏡像異性体

　もう一つ重要な立体異性体に鏡像異性体がある．これは少し分かりにくいが，三次元の物体には，有機分子も含めて，鏡像と重なりあうものとそうでないものがある．たとえば，左右の手は鏡像関係にあるとみてよいが，重ねあわせることはできない．手袋もそうかもしれないが，軍手は裏表がなく重ねあわせることができる．実物と鏡像が重なりあわないものはキラルであり，キラリティーをもつという．キラルでないものはアキラルという．

　有機分子では，四面体形炭素に結合している四つのグループがすべて異なるとキラルな分子ができる．この中心炭素はキラル中心とよばれる．たとえば，2-ブタノールのC2にはH，CH_3，CH_3CH_2，OHの異なるグループが結合しているので，C2はキラル中心であり，2-ブタノールはキラルである．図1.6に示した二つの構造式で表される分子は鏡像関係にあり，重ねあわせることができない．すなわち，鏡像異性体であり，この立体異性体はエナンチオマーとよばれる．このような立体異性体は飽和炭素における反応（5章）で問題になる．

Point

キラル中心とエナンチオマーの立体配置はR,Sによって区別される．

Check!

R,S命名法については，上記有機化学教科書の11.2節を参照するとよい．

OH

2-ブタノール　　　(R)-2-ブタノール　　　　鏡　　　(S)-2-ブタノール

◀ 図 1.6
2-ブタノールのエナンチオマー

　エナンチオマーの物理的性質はアキラルな環境にある限り同一であり，区別することはできない．ただ，偏光とよばれる振動面を一平面に限定された光の面を回転させるという性質（旋光性）があり，旋光性をもつ物質は光学活性であるといわれる．二つのエナンチオマーの等量混合物は光学活性を失い，ラセミ体とよばれる．

1.6.3　立体配座

　シス・トランス異性体やエナンチオマーのような立体異性体は結合を切断

しないと相互変換することができない．このような立体異性体を立体配置異性体という．それに対して，単結合まわりの回転によって変化する分子構造の関係を立体配座という．

たとえば，エタンの分子構造をよくみると，図 1.7 に示すようにねじれ形や重なり形がある．三次元式の C—C 結合に沿って左からみると二つの炭素から出た C—H 結合の関係が分かりやすい．そのような構造式はニューマン（Newman）投影式とよばれるが，後方の炭素（右側）を円で示し，手前の炭素（左側）を点で示している．それぞれの炭素から四面体の角度で出ている三つの C—H 結合は，ニューマン投影式では 120° の角度をなしてみえ，二つの C に結合した H の空間的関係が分かりやすい．重なり形では C—H 結合が重なってみえ，ねじれ形ではそれから 60° 回転して三つの C—H 結合が互いに最も遠ざかった形になっている．したがって，ねじれ形はエタンの最も安定な形であり回転のエネルギー極小値を占め，重なり形は C—H 結合の電子反発のために立体ひずみが生じエネルギー極大値になる．

▶ 図 1.7
エタンのねじれ形と重なり形

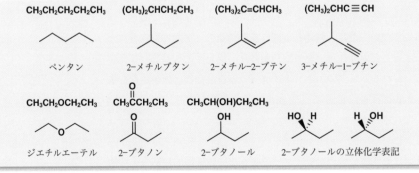

コラム 1　　　　線 形 表 記

　分子の簡略化表現の方法として線形表記がある．有機化合物は炭素の化合物であり，その炭素骨格を折れ線で表すことができる．この線形表記では，折れ線の角と末端は炭素原子を表し，通常 C—H 結合は省略する．各炭素は H との結合で満たされている．下の例に示すように，線形表記で表すと，反応中心となる官能基が際立って反応もみやすくなる．三次元構造（立体化学）を示す場合には，くさび形の結合を用いる（2-ブタノールの構造は 2 種類ある）．

CH$_3$CH$_2$CH$_2$CH$_2$CH$_3$	(CH$_3$)$_2$CHCH$_2$CH$_3$	(CH$_3$)$_2$C=CHCH$_3$	(CH$_3$)$_2$CHC≡CH
ペンタン	2-メチルブタン	2-メチル-2-ブテン	3-メチル-1-ブチン

CH$_3$CH$_2$OCH$_2$CH$_3$	CH$_3$CCH$_2$CH$_3$	CH$_3$CH(OH)CH$_2$CH$_3$	
ジエチルエーテル	2-ブタノン	2-ブタノール	2-ブタノールの立体化学表記

2 酸塩基反応と有機極性反応

有機化合物は，すべて酸または塩基の性質をもっている．ほとんどは両方の性質をもっているといってもよい（付表 1, p.117 参照）．酸・塩基の立場からみると，有機化合物の極性反応は酸塩基反応にほかならない．このような見方でみていくことによって有機反応を統一的に理解することができる．

塩基は電子対を出すものであり，酸は電子対を受け入れるものである．

$$\textbf{A} \quad + \quad \textbf{:B} \quad \xrightleftharpoons{} \quad \textbf{A}^- \!\!-\!\! \textbf{B}^+$$

ルイス酸　　塩基

これらは一般的にルイス（Lewis）酸・塩基とよばれる．塩基の中心となる電子対は非共有電子対だけでなく，結合電子対でもよい．結合電子対を出すとその結合は切れる．酸は電子対を受け入れて塩基と結合をつくるが，そのとき酸中心となる原子がすでに結合で満たされ，オクテットになっている（原子価殻が満たされている）ときには，結合を一つ切る必要がある．電子対を受け入れる原子が水素の場合にはブレンステッド（Brønsted）酸（またはプロトン酸）とよばれるが，H は結合を一つしかつくれないので必然的に結合は切れ，プロトン（H^+）を出すことになる．

$$\textbf{HA} \quad + \quad \textbf{:B} \quad \xrightleftharpoons{} \quad \textbf{A}^- \quad + \quad \textbf{HB}^+$$

ブレンステッド酸　　塩基

酸・塩基の用語はもともと平衡反応に使われ，その平衡反応の速度は一般的に非常に大きい．しかし，重要な有機反応は炭素の結合が関わる反応であり，通常あまり速くない（9 章，9.1.1 項参照）．このような有機反応の動的過程を考えるときには，酸を求電子種，塩基を求核種ということが多いが，これらはルイス酸とルイス塩基である．そこで，この本では平衡過程だけでなく，反応の動的過程に対しても広く酸・塩基の用語を用いる．有機反応機構はよく電子の動きによって説明されるが，反応する分子（またはイオン）の酸・塩基を見分けさえすれば，電子対の動きは自明である．

2.1 酸・塩基の種類と反応例

上で述べた酸と塩基の関係を反応例で見てみよう．新しくできた結合を色で示している．反応 2.1 の BH_3 のようなルイス酸の反応では，中心原子に価

Point

求電子種は電子不足な分子種（分子またはイオン）であり，電子を求めて電子豊富な位置に付加する．一方，求核種は電子豊富な分子種であり，原子（核）を求めて電子不足な位置を攻撃する．求電子種や求核種の前駆体となる反応剤を求電子剤または求核剤という（たとえば，HO^- 求核種に対して NaOH を求核剤という）．しかし，このような区別をしないで一般的に求電子剤または求核剤ということが多い．英語では "nucleophilic reagent から nucleophile が生成する" というように両者を区別した表現がみられる．求電子種と求核種の反応性は，それぞれ求電子性・求核性ということが多いが，この本では統一的に酸性・塩基性という．

電子が6電子しかなく原子価殻が満たされていないので，塩基からきた電子対を使って結合をつくる（その結果，オクテットになる）．

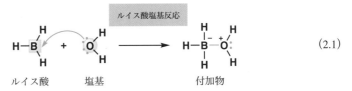

(2.1)

ルイス酸　　　塩基　　　　　　　　付加物

Check!
酸中心と塩基中心を▢と◯で示す．

反応2.2では，塩基がブレンステッド酸と反応すると同時にH—Cl結合が切れ，H⁺（プロトン）と結合している（プロトン移動が起こっている）．このブレンステッド酸塩基反応では生成物も酸と塩基であり，逆反応も同じブレンステッド酸塩基反応になる．

$$\text{Cl—H} + \text{O—H} \rightleftharpoons \text{H—O⁺—H} + \text{Cl⁻}$$ (2.2)

酸　　　　塩基　　　　　　　　酸　　　　塩基

問題 2.1

反応2.2の逆反応がどのように進むか巻矢印を用いて電子対の動きを示せ．

反応2.3では，塩基（アルケン）からπ電子対が出て，Hと結合するとともに酸のH—Cl結合が切れていく．この反応でも生成物は酸と塩基であるが，カルボカチオンのCは価電子を6個しかもたないのでルイス酸であり，塩基のCl⁻と結合して付加物を与える．この2段階の有機反応は求電子付加ともよばれるが，ブレンステッド酸塩基反応とルイス酸塩基反応が入れ代わって起こっている．

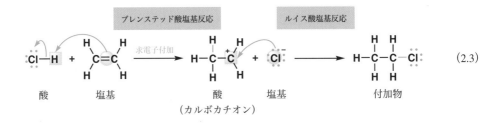

(2.3)

酸　　　　塩基　　　　　　　　酸　　　　塩基　　　　　　付加物
　　　　　　　　　　　　　（カルボカチオン）

Point
安定な分子の電子はすべて対になって存在する．この節で書いたように，電子対の動きを巻矢印で示すことによって，反応を表すことができるが，酸・塩基を指定すれば必ずしも巻矢印を用いる必要はない．一般的な反応式には通常，電子対は書かれない．

反応2.4では，電子不足のカルボニル炭素が酸中心になっている．これはルイス酸とみなせるが，Cがオクテットになっているので，塩基と結合すると同時にC—O結合が切れる．この反応は求核付加とよばれる典型的な有機反応の一つである．酸と塩基は求電子種と求核種ということが多いが，この本では酸・塩基の用語を基本とする．そうみると，この反応はルイス酸塩基反応といってよい．

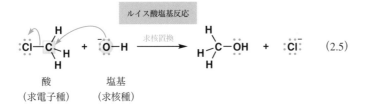

$$(2.4)$$

もう一つ，置換反応とよばれている反応 2.5 を見てみよう．これもルイス酸塩基反応とみなせる．HO^- が付加すると同時に Cl^- が脱離している．

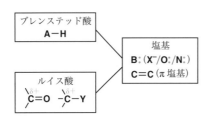

$$(2.5)$$

これまでみてきたように，酸には 2 種類あるが，塩基は電子対を出して酸と結合する．その関係を図 2.1 にまとめ，有機反応によく出てくる代表的な構造を示した．

◀ 図 2.1
酸と塩基の関係

それぞれについて具体的な例をあげておこう．

ブレンステッド酸：

$HX(X = ハロゲン)$，H_2SO_4, HNO_3, H_3O^+, H_2O, RCO_2H, ROH

ルイス酸： BH_3, $CH_3{}^+$, $AlCl_3$, $FeCl_3$, $R_2C=O$

塩基の多くは非共有電子対を出すものであるが，結合電子対を出すものもある．非共有電子対はヘテロ原子上にあることが多く，アニオンも多い．

非共有電子対を出す塩基：

H_2O, HO^-, NH_3, $NH_2{}^-$, ROH, RO^-, X^-, $CH_3{}^-$

結合電子対を出す塩基：

アルケン，ベンゼン(π 塩基)，$BH_4{}^-$ (σ 塩基)

上の反応式では電子対の動きを巻矢印で示したが，最初に述べたように，

略 号 表
アルキル基など
Me ＝ メチル
Et ＝ エチル
i-Pr ＝ イソプロピル
t-Bu ＝ *t*-ブチル
Ph ＝ フェニル
Ac ＝ アセチル
総称的な略号
R ＝ アルキル基
Ar ＝ 芳香族基

Point

塩基として供与できる結合電子対はエネルギーの高いものであり，π 電子対か特別な σ 電子対である．これらをそれぞれ π 塩基あるいは σ 塩基とよぶことにする．

酸塩基反応における電子対の動きは塩基から酸へ向かうと決まり切っているので，反応する分子を酸と塩基に分類できれば，電子対の動きを示すまでもなく，反応がどう起こるかは明らかである．酸は電子不足な分子（またはイオン）であり，塩基は電子豊富な分子（またはイオン）である．

2.2　有機反応の種類

この本では電子対の動きによって起こる有機極性反応について考えているが，ほかに電子が一つずつ動いて反応するラジカル反応と複数の電子が環状に動いて（協奏的に）結合組換えを起こすペリ環状反応とよばれる反応もある．これらの反応では電荷の偏りがあまり生じない．これら3種類の結合組換えの様式は反応機構によって分類した反応の種類ということができる．

このような結合組換えの様式にかかわらず，反応形式で分類すると付加と脱離の2種類の反応に分けられる．これは正逆反応にすぎないともいえる．一般的には置換反応と転位反応を別の形式として4種類の反応を考える．しかし，置換と転位は付加と脱離の組合せとして表すこともできる．

2.3　有機反応基質の酸性と塩基性

反応に関わる化合物を反応基質というが，反応基質となる有機化合物はすべて酸あるいは塩基の性質をもっており，ほとんどは両方の性質をもっているといってよい．付表1（p.117）に有機化合物の酸と塩基の性質を定性的に整理し，どのような反応を起こすか，扱う章・節・項番号とともに示した．この表をみただけでは分かりにくいかもしれないが，対応する章の反応をみると，その位置づけを知ることができる．

アルカンは非常に活性が低く，簡単には極性反応を起こさないが，強塩基に対してはC—Hが酸として反応する．酸の強さは反応性に大きく関係しているので，次節以下で酸性度を定量的にどのように評価するかについて述べる．π結合はπ電子対を出すπ塩基として働くことができるので，アルケンや芳香族化合物には酸（求電子種）が付加反応を起こす（3章）．芳香族化合物はさらにC—H結合が酸として関わり，H^+が脱離するので置換反応になる（4章）．アルコールは，O—Hが酸として解離するが，Oは塩基中心となってプロトン化され脱水反応を起こす（6.5節）．

多くの有機化合物が両性的であり，酸としても塩基としても反応できる．たとえば，カルボニル化合物（アルデヒドまたはケトン）の反応例として水の付加（水和反応）をみると，強力な塩基であるHO^-は，反応2.4でみたように，カルボニル基の酸性中心Cを直接攻撃してルイス酸塩基反応で付加し，ブレンステッド酸塩基反応で反応を完結する（反応2.4a）．ルイス酸塩基反応が可逆的に起こる場合，逆反応はルイス酸塩基開裂ということにする．反応2.4aは塩基性条件で進行する．

反応機構の種類：
　極性反応
　ラジカル反応
　ペリ環状反応
反応形式の種類：
　付加
　脱離（付加の逆反応）
　置換（付加と脱離）
　転位（付加と脱離）

Check!
転位は分子内で起こり，異性化ともいわれる．

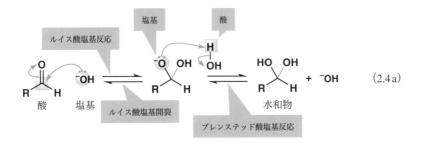

$$\text{(2.4a)}$$

　一方，酸性条件では，まずカルボニル酸素が塩基中心となり，プロトン化されてから弱塩基の H_2O が求核付加を起こす（反応 2.6）．この反応はブレンステッド，ルイス，ブレンステッド反応の 3 段階からなる．全反応が可逆

コラム 2 　　　　**反応のエネルギー：反応速度と平衡定数**

　反応系のエネルギー状態は多次元のポテンシャルエネルギー面で表されるが，化学反応は出発物から生成物まで低エネルギーの経路にしたがって進行する．その反応経路に沿ってポテンシャルエネルギー面を切り取ったものをエネルギー断面図として表すことができる（図1）．最もエネルギーの高い状態を遷移状態（transition state：TS）といい，その構造を遷移構造という．横軸は反応座標とよば れ，反応の進行度を表す．ポテンシャルエネルギーはエンタルピー H に対応するが，図1ではエネルギーをギブズ（Gibbs）エネルギー G で表している．G はエントロピー項 S を含むが，一般にその影響は小さい．反応速度は TS と反応物のエネルギー差（活性化エネルギー $\Delta G^{\ddagger}$）によって決まり，平衡定数は生成物と反応物のエネルギー差 ΔG° によって決まる．

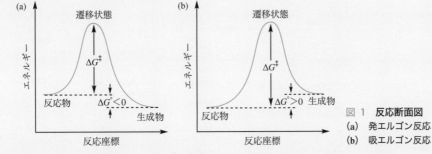

図 1　**反応断面図**
(a)　発エルゴン反応
(b)　吸エルゴン反応

　反応速度は反応物の濃度［S］に比例し，平衡定数は平衡状態における反応物と生成物の濃度比で表されるので，反応（1）について考えると，式（2）と式（3）のようになる．平衡定数 K と速度定数 k はいずれもエネルギーと指数関数で関係づけられる［式（3）と式（4）］．

$$S_1 + S_2 \rightleftharpoons P_1 + P_2 \tag{1}$$

$$反応速度 = k[S_1][S_2] \tag{2}$$

$$平衡定数：K = [P_1]_e[P_2]_e / [S_1]_e[S_2]_e$$

$$= \exp(-\Delta G^{\circ} / RT) \tag{3}$$

$$速度定数：k = A \exp(-\Delta G^{\ddagger} / RT) \tag{4}$$

　式（3）と式（4）で T は絶対温度，R は気体定数であり，A も定数と考えてよい．

　図1aの反応断面図では $\Delta G^{\circ} < 0$（生成物が反応物より安定）であり，$K > 1$ で，平衡は生成物のほうに偏っている．図1bの反応断面図では $\Delta G^{\circ} > 0$（生成物は反応物より不安定），$K < 1$ で平衡は反応物のほうに偏っている．$\Delta G^{\circ} < 0$ の反応を発エルゴン反応といい，$\Delta G^{\circ} > 0$ の反応を吸エルゴン反応という．エネルギーをエンタルピーで考えるときには，発熱反応（$\Delta H^{\circ} < 0$），吸熱反応（$\Delta H^{\circ} > 0$）という．

であり，ルイス酸塩基反応の逆反応はルイス酸塩基開裂になっている．

H_2O は反応 2.4a では酸として，反応 2.6 では塩基として反応している．

$$(2.6)$$

有機反応においては炭素の関わる酸と塩基を求電子種（electrophile）・求核種（nucleophile）とよぶことが多いので，E, N の略号が使われている．

表 2.1　**マイヤーの N と E パラメーター**

塩基	N	塩基	N	酸	E
(CH2=CH-CH3)	−2.41	(ペンタンジオン)	17.64 (DMSO) / 13.73 (H2O)	Ph_2CH^+	5.90
(CH2=CH-Ph)	0.78	$(EtOC)_2CH^-$	20.22 (DMSO) / 16.15 (H2O)	$(p-MeOC_6H_4)_2CH^+$	0
(CH2=CH-OEt)	3.92	$(CN)_2CH^-$	19.36 (DMSO) / 19.50 (H2O)	Ph_3C^+	0.51
(CH2=C(OEt)2)	9.81	$NO_2CH_2^-$	20.71 (DMSO) / 12.06 (H2O)	(トロピリウム)	−3.72
(エナミン)	13.36	BH_4^-	14.74 (DMSO)	(イミニウム Me2N)	−6.69
(CH2=C-CH=CH-Cl)	−3.46	$BH_3(CN)^-$	11.52 (DMSO)	$Ph\!\!-\!\!CH=OMe^+$	2.97
(ジエン)	1.11	(ピリジン)	12.90 / 11.05 (H2O)	$Ph\!\!-\!\!CHO$	−12.90 (DMSO)
(ジエン Ph)	2.35	Me_2N-(ピリジン)	15.80 / 13.19 (H2O)	(アセトン)	−16 / −8 (H2O)
(ジエン cyclopropyl)	2.60	(ピペリジン NH)	17.19 (DMSO) / 18.13 (H2O)	(シクロヘキサノン)	−19.90 (DMSO)
(ブテン)	−2.45	$EtNH_2$	12.87 (H2O)	(エステル OR)	−12 (H2O)
(CH=CH-Ph)	−0.49	Et_2NH	15.10 (MeCN) / 14.68 (H2O)	(MVK)	−16.76 (DMSO)
(ブタジエン)	−0.87	Et_3N	17.30 / 17.10 (MeCN)	(CO2Et)	−19.07 (DMSO)
(ベンゼン)	−6.5	$PhNH_2$	12.64 (MeCN) / 12.99 (H2O)	(CN)	−19.05 (DMSO)
(トルエン Me)	−4.36	NH_3	11.39 (MeCN) / 9.48 (H2O)	(無水マレイン酸)	−11.32
(アニソール OMe)	−1.18	H_2O	5.20 (H2O)*		
		$MeOH$	7.54 (MeOH)*		
(ピロール NH)	4.63	HO^-	10.47 (H2O)	(O_2N-benzene-NO_2/O_2N)	−13.19
		HOO^-	15.40 (H2O)		
(フラン O)	1.33	MeO^-	15.78 (MeOH)		
		CN^-	16.27 (MeCN)		
(チオフェン S)	−1.01	F^-	11.31 (MeOH) / 7.70 (H2O)	CH_3I	−24 (H2O)
		Cl^-	17.20 (MeCN) / 12.90 (MeOH) / 10.10 (H2O)	Br_2	3 (MeOH)
(アルキン Ph)	−0.04	Br^-	11.70 (H2O)	H_3O^+	−4 (H2O)

20℃，CH_2Cl_2 中における値，ほかの溶媒の場合には（　）内に示す．
http://www.cup.lmu.de/oc/mayr/DBintro.html およびこのサイトに引用された文献による．
＊　溶媒の求核性パラメーターであり，擬一次速度定数に基づく．

2.4　有機反応における酸・塩基の反応性

　有機反応のおもな過程には炭素が関わっているので，酸と塩基の反応性は通常，炭素中心のルイス酸性と炭素に対する塩基性と考えてよい．

　その酸性度と塩基性度のパラメーターとしてマイヤー（H. Mayr，ドイツ）らによって提案された E と N がある（表2.1）．代表的なルイス酸としてカルボカチオンを選び，それに対する二次反応速度定数から塩基性（求核性）パラメーター N を求め，さらに一般的に酸性（求電子性）パラメーター E を決定した．溶媒には CH_2Cl_2 を用いているが，ほかの溶媒中のデータもある．溶媒によって数値が大きく左右されるものもあるので注意する必要がある．

　表2.1には，最初に炭素における塩基性を示している．アルケン，ベンゼン誘導体，そしてアルキンは π 電子対を出して反応する π 塩基である．π 結合にメチル（Me），フェニル（Ph），アルコキシ（EtO, MeO），アミノ基が結合すると N 値が増大し，反応性が高くなることを示している．これらのグループは π 結合に電子を供与して π 結合の塩基性を増大する．それに対して，電気陰性度の大きい Cl 基は電子を引き出して N 値を小さくしている．ベンゼンはアルケンに比べて π 電子が豊富であるにもかかわらず，N 値が非常に小さく，反応性が低い．これは6個の π 電子が環状に非局在化して芳香族性（1.4節）をもち，非常に安定になっているためである．ヘテロ原子 N, O, S を含む不飽和五員環も芳香族性をもっており，非共有電子対が非局在化しているので炭素塩基として反応する．2列目に示したカルボアニオンはいずれも非共有電子対が非局在化して安定になっている．これらの反応性については8.5節で述べる．

　二つのホウ素水素化物アニオン BH_4^- と $BH_3(CN)^-$ はヒドリドイオン H^- を出すので還元剤になる（反応2.7）．H^- は B―H の σ 結合電子対を伴って σ 塩基として反応する．その結果，ヒドリド移動によってヒドリド還元が起こる．

$$\tag{2.7}$$

　ベンゼンとよく似た構造をもつピリジンは窒素塩基として反応するので第三級アミンの一つであり，非共有電子対を供与して反応する．それに続くアミンやヘテロ原子をもつ塩基も非共有電子対を供与する．アミンやハロゲン化物イオンの N 値には MeCN, MeOH, H_2O などの溶媒中で測定されたものもある．H_2O 中の N 値は有機溶媒中で測定された値よりもかなり小さくなっている．塩基が水素結合で安定化され，反応性を低下させている（溶媒効果：5.2.4項参照）．

　最後の列に酸性度 E をまとめてある．カルボカチオンは高い反応性を示

すが，安定なものほど反応性は低い．**イミニウムイオン**はアミノ置換カルボカチオンともみなせるが，E 値は小さい．

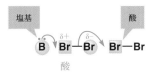

イミニウムイオン　　アミノメチルカチオン

　電荷をもたない有機化合物では，アルデヒド，ケトン，エステルと酸性が低下する．代表的な有機化合物の酸性度（反応性）は，次の E 値で評価できる．

$$\underset{-8}{\overset{}{\text{(アセトン)}}} > \underset{-12}{\overset{}{\text{(エステル)}}} > \underset{-24}{\text{CH}_3\text{I}}$$

E (H$_2$O)　　　　-8　　　　　　　-12　　　　　-24

　C=Cπ結合も，電子を強く引きつけるようなグループ（C=O, CN, NO$_2$ など）をもっていると酸性になる．これらは求電子性アルケンとよばれ，その反応は 3.7 節で説明する．カルボニル基をもつアルケンは，カルボニル基そのものの反応性に匹敵することが分かる．

　代表的な酸性反応剤の Br$_2$ の E 値は予想外に大きく，カルボカチオンの値に匹敵し，水溶液中におけるプロトン酸（H$_3$O$^+$）の E 値より大きい．非共有電子対を 3 組ももち，結合電子対の偏りもない Br$_2$ が酸として反応すること自体が意外なことのようにみえる．しかし，高周期元素である Br の非共有電子対は第 4 殻にあり非常に分極しやすい．そのために塩基 B（アルケンでもよい）や酸（もう 1 分子の Br$_2$ でもよい）が近づくと，その助けを借りて次のように分極して強力な酸として反応できるのである．

塩基　　　　　　　　　　　酸

$\overset{..}{\text{B}}$　$\overset{\delta+}{\text{Br}}$—$\overset{\delta-}{\text{Br}}$　　Br—Br

酸

　有機極性反応における酸と塩基の強さを調べるために，これまでもっぱらルイス酸と塩基の結合反応（ルイス酸塩基反応）ばかりみてきたが，逆に結合切断で酸と塩基を生成する反応（ルイス酸塩基開裂）も一般的である．中性分子からカチオン（酸）とアニオン（塩基）を生成するこの過程は**ヘテロリシス**または**イオン化**とよばれ，結合電子対がアニオン（塩基）のほうに動いている．

A—B $\xrightarrow{\text{ヘテロリシス}}$ A$^+$ + :B$^-$

ルイス酸塩基開裂　　酸　　　塩基

2.5　ブレンステッド酸の酸性度

　有機分子の酸中心が H である場合には，一つしかない H の結合が切れて

H^+（プロトン）を出すことになる．このような酸はブレンステッド酸あるいはプロトン酸とよばれ，酸（HA）から塩基（B）にプロトン移動が起こり塩基と酸を生成するので逆反応も同じように起こることを反応 2.2 の例でみた．一般式で書くと反応 2.8 のようになり，生成物の酸と塩基は共役酸，共役塩基とよばれる．

ブレンステッド酸塩基反応：

$$HA + B \xrightarrow{\text{プロトン移動}} A^- + HB^+ \qquad (2.8)$$

プロトン酸　塩基　　　　　共役塩基　共役酸

プロトン酸の水溶液中における強さ（H^+の外れやすさ）は，溶媒の水を塩基とする酸解離反応（式 2.9）の平衡定数（酸解離定数）K_a として表され（式 2.10），その負の対数 pK_a（$= -\log K_a$）が酸性度の尺度として用いられる．

酸解離反応：

$$HA + H_2O \xrightarrow{K_a} A^- + H_3O^+ \qquad (2.9)$$

$$K_a = [A^-][H_3O^+] / [HA] \qquad (2.10)$$

ここで，溶媒の活量は 1 とみなせるので，塩基となる水の濃度項は入ってこない．

付表 2（p.118）に代表的なプロトン酸の pK_a を示す．pK_a が小さいほど強酸である．塩基性の尺度として，共役酸の pK_a を用いることができる．塩基は共役酸の pK_a が大きいほど強いということになる．

Point

$pK_a = pH + \log([HA] / [A^-])$ の関係があるので，$[HA] = [A^-]$ のとき $pH = pK_a$ となり，pH が低くなるほど酸 HA の比率が多くなる．また，$[HA] / [A^-]$ が一定であれば，$[HA]$（または $[A^-]$）によらず，pH はほぼ一定になる．このような溶液を緩衝液という．

Point

熱力学の定義によると純溶媒を標準状態にとるので，その活量は 1 となる．元来，平衡定数は活量を用いて定義されるが，式 2.10 では希薄溶液における平衡時の濃度を活量の代わりに用い，溶媒 H_2O の活量を 1 として近似している．

2.6 酸性度を決める因子

平衡定数を決めるのは反応物と生成物のエネルギー差であり，生成物のエネルギーが低いほど（安定であるほど）平衡定数は大きく，平衡は生成物に偏る（コラム 2，p.13）．したがって，プロトン酸 HA の酸解離平衡では，酸に比べて共役塩基が安定であるほど酸解離定数 K_a が大きく，酸は強い．すなわち，H—A 結合が弱く，解離してできる共役塩基アニオン A^- が安定であるほど強酸である．

酸性度を決める因子：
　H—A の結合力
　A の電気陰性度
　A^- の非局在化（安定性）
　置換基の電子求引性

2.6.1 結合力と電気陰性度

原子 A が高周期元素になるにしたがって H—A の結合力（結合解離エネルギー）が小さくなる．結合が弱いほど，結合が切れて H^+ を出しやすく酸性は強くなる．

酸性度：	HF	$\ll$	HCl	<	HBr	<	HI
pK_a：	3.2		-7		-9		-10
結合力（kJ mol^{-1}）：	568		432		366		298

Point

結合力（結合解離エネルギー）は気相で，ホモリシスを起こすために必要なエネルギーである．

　　同じ周期の元素の水素化物の酸性度の順は，H—A の結合力の順とは逆であるが，共役塩基アニオンの安定性（$H_3C^- < H_2N^- < HO^- < F^-$）で説明できる．

酸性度：	CH_4	<	NH_3	<	H_2O	<	HF
pK_a：	49		35		16		3.2
結合力（kJ mol^{-1}）：	438		450		499		568

中心元素の原子核の正電荷が大きく，負電荷が核に強く引きつけられる（電気陰性度が大きい）ほど A^- が安定で H^+ を出しやすい．負電荷の電子を担う原子軌道（2p AO）のエネルギーが低いことに相当する（1.1.2 項）．

　　アニオンの安定性は，同じ元素でも負電荷を担う電子が入っている軌道の混成状態に影響される．エタン，エテン，エチンの CH 酸性度はこの順に高くなる．これらの C の混成状態がそれぞれ sp^3, sp^2, sp であり，共役塩基（アニオン）の C も同じ混成状態と考えられる．軌道の s 性が大きくなるほど軌道エネルギーは低く，電子は原子核近くに分布するのでアニオンは安定である．sp^3, sp^2, sp 炭素の順に電気陰性度が大きいといってもよい．

> **Point**
> 混成軌道のエネルギーは sp^3, sp^2, sp の順に（s 性が大きいほど）低くなる．

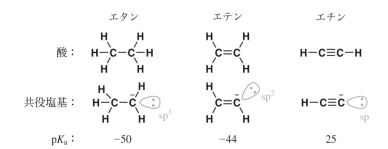

> ピペリジン
> 共役酸の pK_a： 11.12
> N(H₂O)： 18.13
>
> ピリジン
> 共役酸の pK_a： 5.25
> N(H₂O)： 11.05

　　窒素塩基（アミン）の塩基性にも混成状態の違いで説明できる例がある．共役酸の pK_a だけでなく，マイヤーの N 値（表 2.1）からも分かるように，飽和のピペリジンはピリジンよりも強塩基である．これは窒素の混成の違いによって説明できる．ピリジンの N のほうが s 性が大きく，電子対が引きつけられているので H^+ を受け入れにくい．

問題 2.2

メタノール（MeOH, pK_a 15.5）がメタンチオール（MeSH, pK_a 10.3）よりも弱酸である理由を説明せよ．

2.6.2 アニオンの非局在化

> **Point**
> 硫酸は SO₃ の水溶液と考えられるが，発煙硫酸には余分の SO₃ が溶けている．

　　アニオンの安定性は負電荷の非局在化に大きく依存する．過塩素酸 HClO₄ の強酸性は，アニオンの非局在化による．硫酸も強酸の代表とされるが，pK_a（−3）からみると，過塩素酸や塩酸と比べればあまり強酸とはいえない．硫酸が強酸であるといわれるのは通常の酸水溶液の濃度の違いによるものである．過塩素酸や濃塩酸の濃度は 70% 程度であるのに対して，濃硫酸

の濃度は 97% になる.

硫酸とよく似た構造をもつ有機酸としてスルホン酸がある.硫黄の結合はd軌道を使うことができるので,これらの酸の構造は次のように表せる.

スルホン酸(pK_a -2〜-3)　　硫酸(pK_a -3)

問題 2.3

スルホン酸イオン RSO_3^- を共鳴で表せ.

カルボン酸やフェノールの酸性度にもアニオンの非局在化が寄与している(反応 2.11 と反応 2.12).カルボン酸やフェノールの pK_a をアルコール ROH(pK_a 約 16)と比べてみると,非局在化の影響が明白である.

エタン酸　　　　　　　　　　　　　　　エタン酸イオン　　　　　　　　　　　(2.11)

フェノール　　　　　　　　　フェノキシドイオン　　　　　　　　　　(2.12)

フェノキシドイオンの共鳴

問題 2.4

アニリン $PhNH_2$ は塩基としてアルキルアミン RNH_2 よりも弱い.このことを共鳴で説明せよ.

環状 π 電子系がある場合には,芳香族性により大きく安定化されていることがある(1.4 節).窒素を含む不飽和五員環のピロールは N の非共有電子対を含めると環状 6π 電子系で,芳香族性をもつ(式 2.13).表 2.1 の N 値(4.63)がほかの六員環のピリジンやアミン類に比べて非常に小さいのは,この芳香族性に由来すると考えられる.実際,ピロールの共役酸の pK_a(pK_{BH^+})は約 -3.8 と見積もられており,この小さな値はピロールの塩基性が非常に低いことを示している.

Point

アニリンはフェノールやフェノキシドイオンと同じように,ベンゼン環の隣接位に非共有電子対をもつ.これらは π 電子についてみると電子状態が同等である.このような分子を等電子的であるという.

Point

pK_{BH^+} は塩基 B の共役酸 BH^+ の pK_a を表す.

ピロール　　　　　　　　　　共役酸の共鳴　　　　　　　　　　(2.13)

(N 4.63)　　　　　　　　　　(pK_a -3.8)

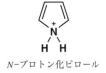

N–プロトン化ピロール

　　ただし，ピロールのプロトン化は N ではなく 2 位の C に起こることが確かめられている．これは一見予想外のことのようにみえるが，共役酸の共鳴式を書いてみれば納得がいく．2 位プロトン化の生成物は式 2.13 に示したような共鳴で表される．しかし，*N*–プロトン化物ではジエン部分が孤立しており，合理的な共鳴寄与式は書けない．

問題 2.5

ピリジン（pK_{BH^+} 5.25）は芳香族性をもつにもかかわらず，塩基性はピロールほど低くない．それはなぜか．

2.6.3　置換基効果

Check!
置換基が分子の電子状態に及ぼす効果を電子効果という．

　　酸性度は，酸の主要構造中の H（解離するプロトンではない）を別のグループ（置換基）に置き換えることによっても影響を受ける．たとえば，エタン酸の 2 位の H をヘテロ原子に置き換えると酸は強くなる．

$$CH_3CO_2H \ < \ MeOCH_2CO_2H \ < \ ClCH_2CO_2H \ < \ FCH_2CO_2H$$

pK_a：　　　4.76　　　　　　3.57　　　　　　　2.86　　　　　　2.59

　　置換基は MeO < Cl < F の順に電気陰性度が大きく，電子を引きつける傾向（電子求引性）が強くなるためである．この電子求引性は結合電子対の偏りによって伝わり，酸性度に影響を及ぼす．このように結合電子対の偏りによって伝わる電子効果を誘起効果という．

問題 2.6

次の塩素置換ブタン酸の pK_a の違いを説明せよ．

pK_a：　　4.8　　　　　　4.5　　　　　　　4.1　　　　　　　2.8

　　置換基によっては，おもに π 電子の偏りによって電子効果を現すものもある．π 電子の偏りは共鳴で表すこともでき，共役効果（あるいは共鳴効果）とよばれる．メトキシ基が安息香酸のメタ位にあると酸は強くなるが，パラ位にあると弱くなる．すなわち，*m*-MeO 基は電子求引基として働くが，*p*-MeO 基は電子供与基として働いている．

pK_a：　　4.09　　　　　　　　4.20　　　　　　　　4.47

m-MeO 基は電子求引性誘起効果によってカルボン酸イオンを安定化している．一方，*p*-MeO 基はおもに電子供与性共役効果によってカルボン酸を安定化している．この効果はカルボン酸イオンではカルボン酸におけるよりも小さいので，酸は弱くなる．

Point

p-MeO 基の効果は，四つの巻矢印で表されるように O の非共有電子対がパラ位にあるカルボニル基と直接共役していることからきている．

m-MeO基の電子求引性　　　　　　*p*-MeO基の電子供与性共役効果
誘起効果

問題 2.7

m-クロロ安息香酸と *p*-クロロ安息香酸の pK_a は，それぞれ 3.83 と 3.97 である．この酸性度について説明せよ．

pK_a：　　　　3.83　　　　　　　　　3.97

フェノールの酸性度（反応 2.12）に対するカルボニル基の共役効果も注目に値する．パラ位のカルボニル基が電子求引基としてフェノキシドイオンを大きく安定化している．したがって，*p*-アセチルフェノールはメタ異性体よりも酸性が強い．*m*-アセチル基はこのような共役効果を示さないので，電子求引基としては *p*-アセチル基より弱い．

Check!

メチルケトンをつくるグループ CH$_3$CO はアセチル基とよばれる．

アセチル基

pK_a：　　　10.0　　　　　　　9.19　　　　　　　8.05

問題 2.8

p-アセチルフェノキシドイオンを共鳴で表せ．

問題 2.9

α-アミノ酸の一つ，グリシン H$_3$N$^+$CH$_2$CO$_2$H の pK_a は 2.34 と 9.60 である．この二つの pK_a 値がどのような酸解離過程に対応するか推察せよ．

2.7　炭素酸の酸性度：カルボアニオンの安定性

炭素酸（CH 酸）の酸性度についても同じように説明できる．プロペンやトルエンの pK_a が単純なアルカンの CH よりも小さい（酸性が強い）のは対

応するカルボアニオン（アリルアニオンやベンジルアニオン）が非局在化し，安定になっているからである（式 2.14 と式 2.15）．炭素酸の pK_a はその共役塩基であるカルボアニオンの安定性の指標になる．

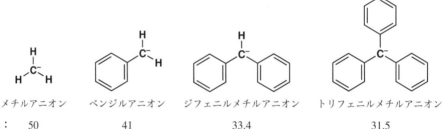

$$\begin{array}{c} H_2C \diagup\hspace{-0.3em}\diagup CH_3 \\ \text{プロペン} \end{array} \underset{\text{p}K_a \sim 43}{\rightleftharpoons} \left[H_2C \diagup\hspace{-0.3em}\diagup CH_2^- \longleftrightarrow {}^-H_2C \diagup\hspace{-0.3em}\diagup CH_2 \right] \begin{array}{c} \\ \text{アリルアニオン} \end{array} + H^+ \qquad (2.14)$$

Point

反応 2.14 や反応 2.15 の酸解離は，水溶液中では起こり得ない反応なので，H^+ の放出として表し溶媒を示していない．pK_a 値は別の溶媒中で測定された酸性度あるいは理論計算から合理的に推定されたものである．

トルエン　$\underset{\text{p}K_a \sim 41}{\longrightarrow}$　ベンジルアニオン　$+ H^+$ $\qquad (2.15)$

問題 2.10

ベンジルアニオンを共鳴で表し，フェノキシドイオンと等電子的であることを示せ．

アニオン中心となる炭素に結合したフェニル基はベンジルアニオンのように共役によってアニオンを安定化する．その効果はフェニル基の数が多いほど大きく，共役酸の酸性を強める．

メチルアニオン	ベンジルアニオン	ジフェニルメチルアニオン	トリフェニルメチルアニオン
共役酸の pK_a：　50	41	33.4	31.5

しかし，ジフェニルメタンとトリフェニルメタンの pK_a を比べると，三つ目のフェニル基の効果はかなり小さい．これはベンゼン環のオルト水素がぶつかりあって立体ひずみを生じるために共平面を保つことができなくなり，プロペラ型になっているためである．共役安定化する（π 電子が非局在化する）ためには共平面になっていることが必要である．ベンゼン環を三つもつ炭化水素の pK_a を下に比べている．フルオラデン（pK_a 14）は共平面を保っているが，トリプチセン（pK_a ～42）のベンゼン環は直交している．

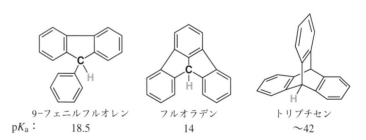

9-フェニルフルオレン	フルオラデン	トリプチセン
pK_a：　　18.5	14	～42

シクロペンタジエンの pK_a は 16 である（反応 2.16）．鎖状化合物の 1,4-ペンタジエンの pK_a（約 35）に比べると非常に酸性度が高い．これは共役塩基が環状 6π 電子系で芳香族性をもつ（1.4 節参照）ことを反映している．

$$\text{1,3-シクロペンタジエン} \xrightleftharpoons[\text{p}K_a\ 16]{} \text{シクロペンタ ジエニドイオン} \ominus + H^+ \qquad (2.16)$$

1,3-シクロペンタジエン　　シクロペンタ ジエニドイオン

隣接位に電子求引性置換基があると CH 酸性は強くなる．カルボニル基の隣接 CH（α 水素）の脱プロトンで生じた共役塩基のアニオンでは，負電荷が電気陰性度の大きい O のほうに偏っているのでエノラートイオンとよばれる（式 2.17）．エノラートイオンとはエノールの共役塩基という意味である（8 章）．

$$\text{プロパノン} \xrightleftharpoons[\text{p}K_a\ 19.3]{} \left[\begin{array}{c} \text{エノラートイオン} \end{array} \right] + H^+ \qquad (2.17)$$

プロパノン　　　　エノラートイオン

二つの電子求引基によってさらに強く安定化されたカルボアニオンの例が表 2.1 の 2 列目にあげてある．このようなカルボアニオンについては 8.5 節でみる．

2.8　カルボカチオン

炭素中心の酸の代表はカルボカチオンであり，表 2.1 には比較的安定なカチオンの E 値があげられている．その中で特徴的なのは，環状 6π 電子系のシクロヘプタトリエニリウムイオンであり（E −3.72），芳香族安定性（1.4 節）の結果である．Ph_3C^+（E 0.51）の反応性が Ph_2CH^+（E 5.90）よりも小さいのはフェニル基の共役による安定化に加えて，三つのフェニル基の立体ひずみによる非平面性のために反応に対して立体障害を生じる影響もある．

反応中間体として重要なのはもっと不安定なカルボカチオンである（3.2 節参照）が，単離できないので E 値は決められない（ずっと大きいはずである）．

2.9　酸・塩基の分子軌道

2.9.1　塩基性と軌道エネルギー

単純な水素化物 HA の酸性度が共役アニオン A^- の原子軌道エネルギーと関係することを述べた（2.6.1 項）が，もっと複雑な分子についてはそのように単純化することはできない．共役塩基になると電子状態が変化するので，アニオンの軌道は酸の構造からは簡単に予想できない．しかし，反応における軌道の関わりは少し事情が異なる．

2.9.2　反応における分子軌道相互作用

1.1 節で原子軌道（AO）の重なりによって原子間に結合ができることを述

1,4-ペンタジエン
（pK_a 〜35）

Point

エノラートイオンはアリルアニオンやカルボン酸イオンと等電子的である．

CH₂
CH₂⁻

アリルアニオン
（pK_{BH^+} 43）

CH₂

O⁻

エノラートイオン
（pK_{BH^+} 19）

O

O⁻

カルボン酸イオン
（pK_{BH^+} 5）

Check!

トリフェニルメチル系の非平面性については前節のカルボアニオンの項参照．

Point

ほかの分子と関係なく 1 分子内で結合切断を起こすこともある．結合切断は結合エネルギーを失うので不安定化の要因であり，この過程には大きなエネルギーを要する．実際には，溶媒や別の分子による安定化が関与している．

べたが，同じように 2 分子が近づいて互いに分子軌道（MO）が相互作用すれば結合が形成され，反応を起こすことになる．

多原子分子の MO には被占軌道と空軌道がいくつもあるが，反応に有効なのは被占軌道と空軌道の相互作用だけである．この相互作用でできる新しい結合性軌道に 2 電子が入って安定化し，反応のエネルギーが得られる（図2.2a）．すなわち，極性反応では塩基（求核種）の被占軌道と酸（求電子種）の空軌道の相互作用が重要である．しかも，二つの軌道のエネルギー差が小さいほど相互作用が大きいので，塩基の最高被占分子軌道（highest occupied MO：HOMO）と酸の最低空分子軌道（lowest unoccupied MO：LUMO）の相互作用，すなわち HOMO-LUMO 相互作用が最も重要になる（図 2.2b）．

▶ 図 2.2
反応における軌道相互作用
(a) 被占軌道と空軌道の相互作用.
(b) 塩基（求核種）と酸（求電子種）の HOMO-LUMO 相互作用.

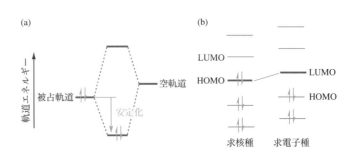

また，軌道の形は一般的に方向性をもつので，二つの軌道の相互作用が効率よく起こるためにはその向きも問題になる．この問題は 3 章以降で実際の反応について考察する．

2.10 酸化還元反応

金属イオンの酸化状態は正電荷の大きさによる．すなわち，1 電子の移動によって酸化還元が定義される．一方，電荷をもたない有機分子の酸化状態はどう考えたらよいのか．そして，2 電子の動きによって起こる極性反応で酸化還元は起こっていないのか．有機化学では酸素の付加を酸化といい，水素の付加を還元という．この定義と電子移動による定義に矛盾はないのか．ここで，これらの問題について考えよう．

Point

酸化状態の異なる金属の例としては，Fe(II)/Fe(III) や Cu(I)/Cu(II) がある．電子を出すと酸化され，電子を受け入れると還元になる．

2.10.1 酸化数と酸化状態

金属の価数に代わる有機分子の酸化状態の基準は酸化数である．分子中の原子の酸化数は，結合電子対が 2 電子とも電気陰性度の大きいほうの原子に帰属するものとして計算した電荷に相当する．通常，これは極性をもつ共有結合のヘテロリシスで生成する仮想的なイオンの電荷と考えてもよい．

　代表的な有機化合物の中心炭素の酸化数は次のようになる．この酸化数から有機化合物の酸化状態を考えることができるが，2，3の問題がある．

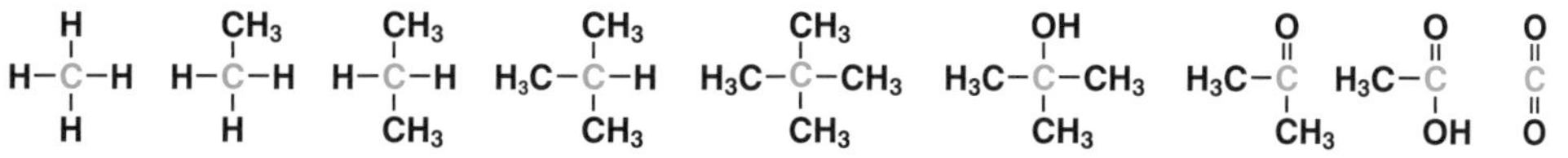

| −4 | −3 | −2 | −1 | 0 | +1 | +2 | +3 | +4 |

　アルカンのCの酸化数は，Hの電気陰性度がCより小さいため，メタンから第四級炭素まで−4から0まで変化している．CをさらにO電気陰性度の大きいOに換えていくと，CO_2では酸化数が+4になる．

　有機化合物の官能基はC（あるいはH）に結合しているが，結合しているCの酸化数（あるいはH）によらず同じ反応性を示す．そこで，メタンから第三級炭素までアルカンの炭素の級数に応じて酸化状態の増えていく順に酸素化合物を分類すると図2.3のようになる．Cの級数やHを区別せずに，同じ官能基は同じ酸化状態にあると考え，縦に配置している．

　Yをハロゲンや酸素のような電気陰性な原子とすると，ジクロロメタンCH_2Cl_2やアセタール$RCH(OR')_2$はアルデヒドと同じ酸化状態にあり，クロロホルム$CHCl_3$はカルボン酸と同じ酸化状態にあることが分かる．実際，加水分解すればそれぞれアルデヒドやカルボン酸になる．

Point
二重結合は同じ原子が2個結合しているものとみなす．

Point
Yはハロゲンのような電気陰性な原子を表す．図2.3で同じ枠内にある化合物の炭素は同じ酸化数をもつ．

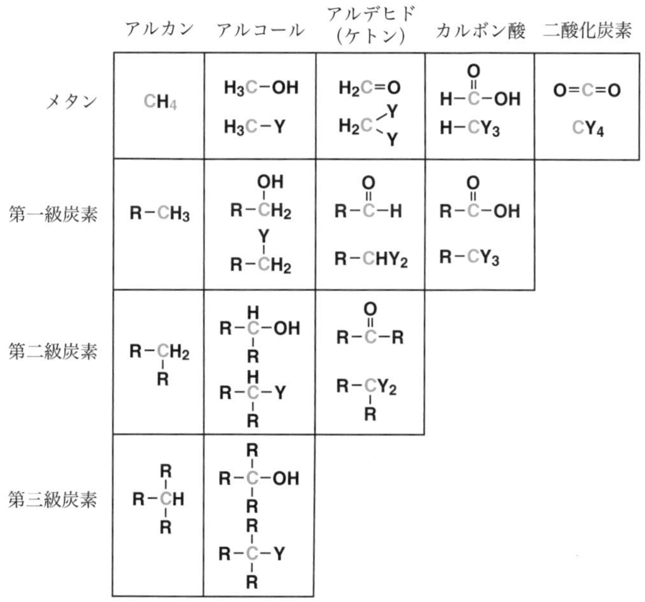

◀ 図 2.3
官能基の酸化状態による分類

2.10.2　有機反応における酸化と還元

　酸化数の増える過程を酸化といい，その逆を還元という．すなわち，電子

を失う過程が酸化で，電子を受け取る過程が還元である．また，有機化学では，酸素の付加を酸化，水素の付加を還元といい，その逆過程をそれぞれ還元あるいは酸化という．この有機化学の定義は，O の電気陰性度が C より大きく，H の電気陰性度が C より小さいことを考えると，酸化数による定義，したがって電子の授受による定義とも矛盾しないことが分かる．有機極性反応では，酸（求電子種）と塩基（求核種）は電子対を受け取るものと出すものであるが，酸化還元を伴わないことが多い．確かに，求核種がヘテロ原子で電気陰性度が C より大きければ，通常の付加や置換反応で酸化還元は起こらないが，そうでなければ（例：CN⁻，H⁻）還元になる．一方，求電子付加や求電子置換で求電子中心の電気陰性度が C より大きい場合（例：Br₂）には酸化になる．

　反応例としてアルデヒドとアルケンの反応を図 2.4 にあげ，変化を受ける炭素の酸化数を示している．水和反応ではいずれも全体として酸化数に変化がみられないので酸化還元は起こっていない．シアノヒドリン生成と水素化では還元が起こり，臭素化では，二つの化合物で反応形式が異なるにもかかわらず，いずれも酸化が起こっている．

Point

炭素からみると H は電子を出しており，O は電子を引き込んでいることになる．

▶ 図 2.4
アルデヒドとアルケンの反応

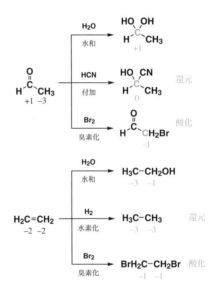

　カルボニル化合物の BH_4^- によるヒドリド還元は 2.4 節の反応 2.7 に取り上げた．アルコールのクロム酸化（$HCrO_4^-$ による酸化）については 5.6.2 項で述べる．

3 π結合の酸塩基反応Ⅰ：アルケンへの付加

　π結合は，σ結合よりもエネルギーが高く軌道も大きく広がっているので，π塩基として作用できる（2.3節）．π結合をもつ化合物の代表はアルケンとベンゼンであるが，両者の反応は対照的である．アルケンの代表的な反応は酸が付加する反応であり，求電子付加とよばれる．反応はカルボカチオンを中間体として2段階で進む．この中間体はルイス酸であり，2段階はともにルイス酸塩基反応であることが多い．

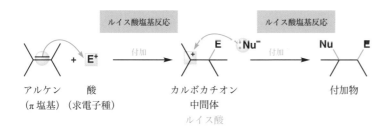

　アルケンの求電子付加反応がこの章の主題であるが，強い電子求引基をもつアルケン（求電子性アルケン）は酸として作用することもでき求核付加反応を起こす．この種の反応についても言及する．

　ベンゼンは，6個のπ電子が環状に非局在化して生じる芳香族性とよばれる特別な安定性をもつ（1.4節）．そのため，アルケンとは違った反応性を示す．ベンゼンの反応については4章で解説する．

3.1　アルケンへのプロトン付加

　最も単純な求電子種（酸）はプロトン H^+ であり，プロトン酸が求電子剤になる．通常のアルケンの塩基性は弱いので，反応には強酸が必要である．しかし，電子供与性置換基をもつアルケンは弱酸でも反応する．

3.1.1　ハロゲン化水素の付加

　強酸のハロゲン化水素 HX（X = Cl, Br, I）はアルケンに付加してハロアルカンを生成する．HX がプロトン H^+ を出してアルケンに付加すると，カルボカチオン中間体になり，次いでハロゲン化物イオン X^- と結合して反応を完了する（反応3.1）．HF は酸として弱い（pK_a 3.2）ので反応しない．こ

Check!

プロトン付加はプロトン化ともいう．

の反応では，1段階目はブレンステッド酸塩基反応で，2段階目はルイス酸塩基反応になっている．

塩化水素の付加：

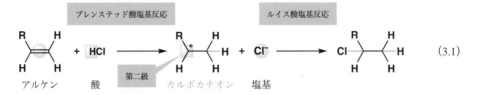

$$\text{(3.1)}$$

Point

非水溶液（Et_2O, CH_2Cl_2 など）では HX 分子が求電子剤になるが，水溶液中では濃 HX でも $H_3O^+X^-$ になっているので求電子剤は H_3O^+ である．

Check!

カルボカチオンの安定性については 3.2.2 項参照．

非対称なアルケンの場合には，H^+ が付加する炭素によって2種類のカルボカチオンを生成する可能性がある．一般的に反応 3.1 に示したように置換基の少ないほうの炭素と結合して，より置換基の多い，より安定なカルボカチオンを生成するように反応する．このような位置選択性（配向性）をマルコフニコフ配向という．逆の配向で付加すると，反応 3.2 のように，不安定な第一級カルボカチオンを生成することになるので，このような反応は起こらない．

$$\text{(3.2)}$$

問題 3.1

2-メチルプロペン（$CH_3)_2C=CH_2$ に HBr が付加する反応を2段階の反応として書け．

3.1.2 水和反応

水の付加（反応 3.3）は水和反応とよばれるが，H_2O 自体は酸として非常に弱いので，アルケンのような弱塩基と直接反応することはない．

酸触媒水和反応：

$$\text{(3.3)}$$

Point

H_2SO_4 や HCl のような強酸を水溶液に加えると H_3O^+ を生成する．

$$H_2SO_4 + H_2O \rightleftarrows$$
（大過剰）
$$H_3O^+ + HSO_4^-$$

水溶液に硫酸や塩酸のような強酸を少量加えると，H_3O^+ が触媒となって反応が進む（式 3.3a）．結果的に水分子が付加してアルコールを生成するが，水分子はむしろ塩基（求核種）としてカルボカチオン中間体と反応していることに注意しよう．反応はブレンステッド，ルイス，ブレンステッド酸塩基反応の3段階からなる．最後に酸が再生されるので触媒反応となる．

$$\text{(3.3 a)}$$

置換基にアルコキシ基をもつエノールエーテル（ビニルエーテル）は塩基性が高く（高反応性であり），弱酸性条件でも反応する．水和生成物は反応3.4 に示すようにヘミアセタールとよばれる化合物であり，カルボニル化合物にアルコールが付加した構造をもっている（5 章参照）．反応条件でさらに反応してカルボニル化合物とアルコールになる．

Check!
カルボン酸のような弱酸でも触媒になる（9.2.2 項参照）．

$$\text{(3.4)}$$

問題 3.2
スチレン $PhCH=CH_2$ の酸触媒水和反応の生成物の構造を示せ．

問題 3.3
エノールエーテルの電子状態を共鳴で表し，水和反応の機構を書け．

問題 3.4
アルケンをアルコールに溶かし酸を加えるとアルコールの付加が起こる．次の反応の機構を書け．

3.2 アルケンの反応性とカルボカチオンの安定性

3.2.1 アルケンの塩基性

酸触媒水和反応 3.3 における相対反応性（求核性，塩基性）を表 3.1 にまとめる．1 段目には一置換アルケン $RCH=CH_2$ の R による影響を示している．アルキル基をフェニル基に置換すると反応性が一桁増大する．さらに顕

表 3.1 酸触媒水和反応におけるアルケンの反応性

R($RCH=CH_2$)：	Me	Bu	Ph	△	MeO	EtO
相対反応性：	1.0	2.2	23	5.0×10^3	1.7×10^7	3.6×10^7

	$H_2C=CH_2$	$MeCH=CH_2$	$Me_2C=CH_2$
相対反応性：	4.4×10^{-7}	1.0	1.6×10^5

このようなアルケンの反応性は，表2.1 にまとめたマイヤーの N 値，すなわち，カルボカチオンに対する反応性にもみられる．

著なのは，シクロプロピル，そしてアルコキシ置換体（エノールエーテル）が桁違いの高反応性を示すことである．2段目にはプロペンを基準にしてメチル置換の影響がどうなっているかを示している．

3.2.2　カルボカチオンの安定性

比較的安定なカルボカチオンの安定性については 2.8 節で言及したが，反応中間体になるもっと不安定なカチオンの安定性は，コラム 3 に説明したハモンドの仮説に基づいて，適当な極性反応の速度から推定できる．表 3.1 にまとめた酸触媒水和反応における反応性は，酸（H_3O^+）に対するアルケンの反応性（塩基性）を示しており，生成するカルボカチオン中間体の安定性によって説明できる．これらの結果をまとめると次のようになる．下に示した数字は非常に大雑把なものであるが，表 3.1 の反応性を整理したものでアルケンからの生成しやすさを示している．

カルボカチオンの相対的な安定性：

$$Me\overset{+}{C}H_2 < Me_2\overset{+}{C}H (\leq Me\overset{+}{C}HBu) < Me\overset{+}{C}HPh < Me\overset{+}{C}H\!\!-\!\!\triangleleft < Me_3\overset{+}{C} < Me\overset{+}{C}HOMe (\leq Me\overset{+}{C}HOEt)$$

$$10^{-7} \qquad 1.0 \qquad\qquad\qquad 20 \qquad 5\times10^3 \qquad 10^5 \qquad 10^7$$

コラム　3　　　　　　　　**ハモンドの仮説**

二段階反応は中間体を経て進むので，反応のエネルギー断面図は二つの遷移状態（TS_1 と TS_2）をもち，図 1 に示すように表せる．

多段階反応では反応段階ごとに複数の TS が現れるが，そのうち最も高い TS をもつ段階を律速段階といい，そのエネルギーによって全体の反応の速度が決まる．図 1 に示したエネルギー変化にしたがう二段階反応では 1 段階目が律速である．律速段階の TS のエネルギーが低いほど反応は速い．

反応物の反応性を決めるのは TS のエネルギーなので，その遷移構造を推定することによって反応性を考察することができる．しかし，結合の切れかかったような構造を表すことはむずかしい．ハモンド（G.S. Hammond, 1921〜2005, 米）は，"1 段階の反応で反応物が TS を経て変化する過程で，エネルギーの近い状態は構造も似ている"という仮説を提案した．このハモンドの仮説を，反応物と生成物のエネルギーが大きく異なるような反応に適用すると，

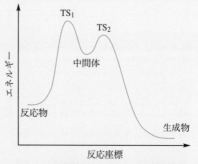

図 1　二段階反応のエネルギー断面図

遷移構造（TS）は反応物と生成物のうちエネルギーの高いほうの構造（エネルギー的にも近い）に似ているといえる．反応中間体は 1 段階目の生成物であり，2 段階目の反応物とみなすことができるので，各反応段階の TS は中間体の構造に近いといってよい．この考えが，中間体の構造や安定性（エネルギー）に基づいて反応性を考察する根拠となっている．

アルキルカチオンは第一級 < 第二級 < 第三級と $10^{5 \sim 7}$ のオーダーで安定性を増していくことが分かる．3.1.1 項で述べたアルケンへの求電子付加の配向性は，このアルキルカチオンの安定性の違いによって説明できる．第二級カルボカチオンのメチル基をフェニル，シクロプロピル，アルコキシ基に換えていくと非常に大きく安定化されることも分かる．この安定化は電荷の非局在化によるものである．非局在化した炭化水素カチオンにはアリルカチオンとベンジルカチオンがある．さらに安定なのはヘテロ原子の非共有電子対が直接共役できるもので，メトキシエチルカチオンがその代表例といえる（2.4 節）．

Check!

非局在化による安定化はカルボアニオンの安定性にもみられ，2.7 節で説明した．

アリルカチオン　　　　ベンジルカチオン　　　メトキシエチルカチオン

問題 3.5

ベンジルカチオンを共鳴で表せ．

シクロプロピル基やアルキル基は π 電子をもっていないが，超共役とよばれる σ 電子の非局在化によってカルボカチオンを安定化する．図 3.1 a に示すようにメチル基の C—H 結合の結合性軌道と C^+ の空の p 軌道の相互作用，あるいは図 3.1 b のような三員環の C—C 結合の結合性軌道と空の p 軌道の相互作用によるものである．シクロプロピル基の C—C 結合の結合性軌道は環ひずみのためにエネルギーが高い（空 p 軌道とのエネルギー差が小さくなる）ので超共役相互作用が大きく，安定化効果も大きい．このような軌道相互作用が起こるためには，シクロプロパン環がカチオン平面と直交した形になっている必要がある（欄外図）．

シクロプロピルメチルカチオンの構造

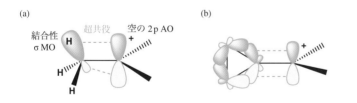

(a)　結合性 σ MO　超共役　空の 2p AO

(b)

◀ 図 3.1
メチル基（a）とシクロプロピル基（b）の超共役

反応中間体としてカルボカチオンを経て進む反応には，アルケンへの求電子付加のほかに 5 章と 6 章で説明する RY（Y はヘテロ原子基：ハロアルカンやアルコール）の反応（S_N1 反応と E1 反応）がある．

3.3　ハロゲンの付加

ハロゲン分子（Cl_2, Br_2, I_2）は酸としてアルケンに付加し，ジハロゲン化物を生成する（反応 3.5）．

臭素化：

$$\underset{\substack{| \\ H}}{\overset{\substack{R \\ |}}{C}}=CH_2 \ + \ \boxed{Br_2} \quad \xrightarrow{CH_2Cl_2} \quad \underset{\substack{| \\ H}}{\overset{\substack{Br \\ |}}{R-C}}-CH_2Br \qquad (3.5)$$

酸

この反応を水やアルコールのような塩基性（求核性）をもつ溶媒中で行うと，おもに溶媒分子を求核種（ルイス塩基）とする生成物が生じる（反応3.6）．

$$\underset{\substack{| \\ H}}{\overset{\substack{R \\ |}}{C}}=CH_2 \ + \ \boxed{Br_2} \ + \ H_2O \quad \xrightarrow{H_2O} \quad \underset{\substack{| \\ H}}{\overset{\substack{HO \\ |}}{R-C}}-CH_2Br \ + \ HBr \qquad (3.6)$$

ブロモヒドリン

Point

反応条件によっては，ハロゲン付加がラジカル反応として進む場合もある.

これらの結果はハロゲンの求電子付加として説明できる．X—X分子は結合電子の偏りがなく非共有電子対を何組ももっているにもかかわらず，酸（求電子種）として反応できるのは不思議なことのようにみえる．2.4節でも述べたように，ハロゲンの結合が弱く，塩基や酸が近づくと分極して求電子種として反応できるようになるのである．アルケンが塩基として近づくと式3.6aに示すような機構で反応する．Br_2の付加段階にはもう1分子のBr_2が酸として Br—Br のヘテロリシスを促進している．反応3.6aの各段階はいずれもルイス酸塩基反応になっている．

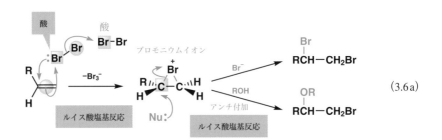

(3.6a)

中間体は Br の非共有電子対がC^+と相互作用して生じたような三員環状のブロモニウムイオンである．次いで，Br_3^-から出たBr^-が求核種（塩基）としてブロモニウムイオンに付加する．求核性溶媒中では溶媒分子も求核種（塩基）として反応に加わる（反応3.6a）．

Point

最外殻電子をすべて示したルイス構造式を用いて，Br_3^-からBr^-がどのように出てくるかを示すと次のようになる．Br_3^-の真ん中のBrはd軌道を使って10電子を保持している.

$$\ddot{\overset{..}{Br}}-\overset{-}{\underset{..}{\ddot{Br}}}-\ddot{\overset{..}{Br}}: \ \longrightarrow \ Br_2 \ + \ Br^-$$

また，ブロモニウムイオンへの求核攻撃は Br の反対側から起こるのでアンチ付加（トランス付加）になる．この付加の立体化学は環状アルケンの生成物をみるとよく分かる（反応3.7）．

$$\text{シクロヘキセン} \ + \ \boxed{Br_2} \quad \xrightarrow[CH_2Cl_2]{\text{アンチ付加}} \quad \text{trans-1,2-ジブロモシクロヘキサン} \qquad (3.7)$$

シクロヘキセン　　　　　　　　　　　　*trans*-1,2-ジブロモシクロヘキサン

問題 3.6

反応 3.7 をメタノール中で行ったとき得られるおもな生成物の構造を示せ.

3.4 エポキシ化

ペルオキシカルボン酸（過酸）RCO_3H は，O 原子を 1 個余分にもった酸であり，O は求電子的にアルケンに付加して三員環のオキシラン（慣用名：エポキシド）を生成する（反応 3.8）．その様子はブロモニウムイオンの生成とよく似ている．ペルオキシカルボン酸の O—O 結合は弱いので，カルボキシラートがよい脱離基になる.

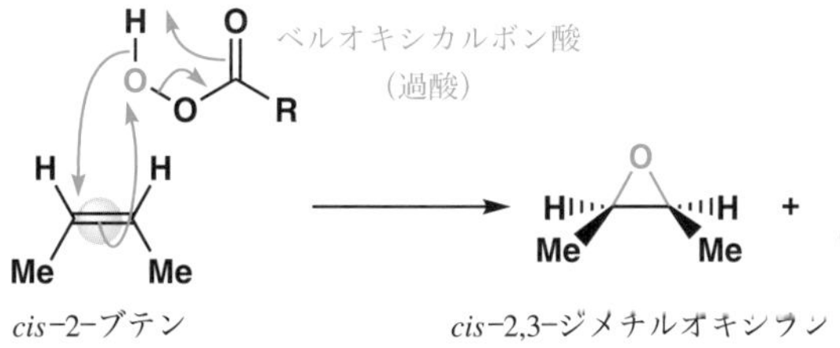

(3.8)

cis-2-ブテン

cis-2,3-ジメチルオキシラン

3.5 アルキンへの付加

アルキンもアルケンと同じように π 塩基として酸と反応する．しかし，反応性（塩基性）はアルケンより低い．アルキンの不飽和炭素が sp 混成で s 性が大きいため電子の広がりが小さいからである．反応 3.9 の HCl 付加に示すように，付加中間体のビニルカチオンは sp 混成炭素に正電荷をもつのでアルキルカチオンよりも不安定である．また，HCl が過剰にあると，2 分子目の HCl が式 3.9 に示すような配向で反応する．中間体のカチオンが，Cl の電子求引性にもかかわらず，非共有電子対と共役できるほうが有利である.

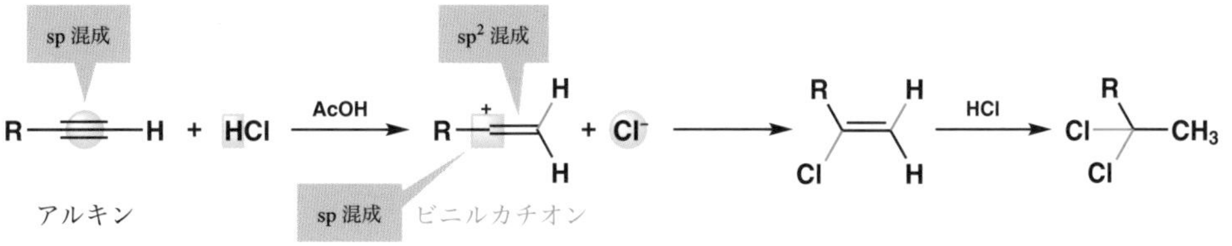

(3.9)

アルキンへの臭素付加は，反応 3.10 に示すように，アンチ付加でトランス-アルケンを与える（3.3 節参照）．Br_2 が過剰にあれば 2 分子目の付加も容易に起こる.

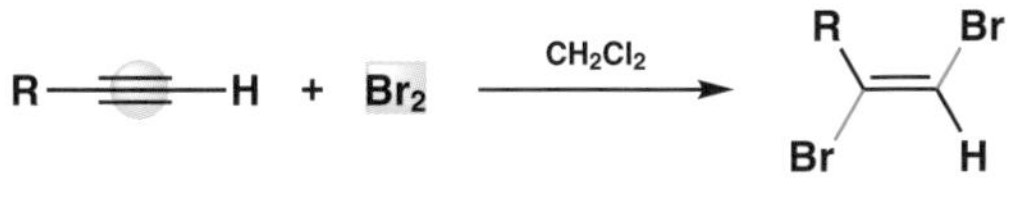

(3.10)

反応 3.9 において，中間生成物のクロロアルケンに 2 分子目の HCl が付加するときに生じるクロロカルボカチオンを共鳴で表せ．

3.6　1,3-ブタジエンの反応

　1,3-ブタジエンは 1.4.1 項で説明したように共役二重結合をもっており，共役ジエンとよばれる．共役ジエンは付加反応において孤立した二重結合とは異なる反応挙動を示す．

　1,3-ブタジエンに等モル（またはそれ以下）の求電子剤を反応させると一般に 2 種類の生成物が得られ，その比率は反応条件によって変化する．一つは一方の二重結合だけで反応して得られる 1,2-付加物であり，もう一つは共役二重結合の両端に求電子剤が付加した 1,4-付加物である（反応 3.11）．すなわち，1,2-付加と 1,4-付加が競争して起こる．1,4-付加物には二重結合が真ん中の C2—C3 に残っているのが特徴的である．低温では 1,2-付加物のほうが多いが，反応温度を上げると安定な 1,4-付加物の比率が増えてくる．

$$\text{1,3-ブタジエン} + \text{Br}_2 \xrightarrow[-15℃]{\text{ヘキサン}} \text{1,2-付加物 (54\%)} + \text{1,4-付加物 (46\%)} \tag{3.11}$$

　HBr の付加について詳しく調べられた結果を反応 3.12 に示す．低温ではおもに 1,2-付加物が得られ，高温にすると 1,4-付加物が主生成物になる．低温で得られた混合物の温度を上げていくと生成物の異性化が起こり 1,4-付加物が多くなっていくことも分かっている．

$$\text{1,3-ブタジエン} + \text{HBr} \longrightarrow \text{1,2-付加物} + \text{1,4-付加物} \tag{3.12}$$

	1,2-付加物	1,4-付加物
−80℃	80%	20%
45℃	15%（速度支配）	85%（熱力学支配）

　この結果は反応中間体がアリル型カチオンであることによる（反応 3.12a）．そして生成物のアリル型臭化物は逆反応でアリル型カチオンに戻ることができる．1,2-付加物は末端アルケンであり，内部アルケンの 1,4-付加物のほうが熱力学的に安定であると考えれば，これらの結果は合理的に説明できる．

（3.12 a）

アリル型カチオン

Br⁻

低温で，短時間に不安定な 1,2-付加物が生成するのは，1,2-付加反応が速いからであり，温度を上げて長時間反応させるとより安定な 1,4-付加物になる．このように反応速度によって生成物比が決まる反応は速度支配であり，生成物の熱力学的安定性によって生成物比が決まる反応は熱力学支配であるといわれる．

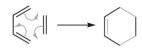

Point

ブタジエンの重要な反応として
ディールス・アルダー反応とよばれ
る付加環化反応がある．この反応は
芳香族性の六員環状遷移状態を経て
協奏的に起こる（ペリ環状反応の一
つである）．

問題 3.8

メタノール中で 1,3-ブタジエンに Br₂ を付加させると，おもに 1,2-付加物が生成してくる．主生成物の構造を示し，Br₂ がほかの求電子剤（HCl や Cl₂）よりも 1,2-付加を起こしやすい理由を考察せよ．

問題 3.9

1-フェニル-1,3-ブタジエンに 1 モル当量の HBr を付加させたときに生じる主生成物の構造を示し，その選択性を説明せよ．

3.7 求電子性アルケンと塩基の反応

3.5 節まで，アルケンは π 塩基として酸と反応することを述べてきたが，ここで電子求引基をもつアルケン（求電子性アルケン）が酸として塩基と反応する例を説明する．この反応は求核付加反応とよばれる．

求電子性アルケンには次のようなものがあるが，α,β-不飽和カルボニル化合物はカルボニル基が反応に直接関わるのでカルボニル化合物とともに 5 章で説明する．

プロペンニトリル
（アクリロニトリル）　　ニトロエタン　　α,β-不飽和カルボニル化合物

代表的な反応例はプロペンニトリルへのアミンの付加であり，シアノエチル化とよばれる（反応 3.13）．

$$\text{プロペンニトリル} + \text{Et}_2\text{NH} \xrightarrow[\text{シアノエチル化}]{\text{EtOH}} \text{Et}_2\text{N}\diagdown\diagup\text{CN}$$

（3.13）

プロペンニトリル
（アクリロニトリル）

　　　　　　　　　　　　プロペンニトリルは慣用名でアクリロニトリルとしてよく知られており，アクリル繊維（ポリアクリロニトリル）の原料になる．求核付加の繰り返しで重合物になる（反応3.14）．この反応はアニオン重合の一例である．

反応 3.14　プロペンニトリルのアニオン重合

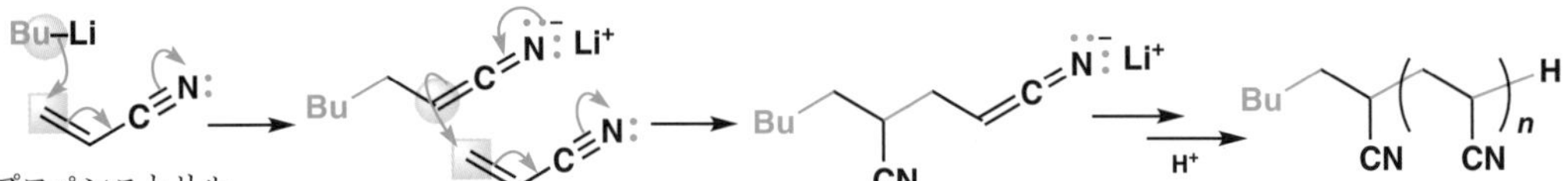

プロペンニトリル
（アクリロニトリル）

ポリアクリロニトリル

問題 3.10

　　2-シアノプロペン酸エチルは反応性が非常に高いので微量の水分によってアニオン重合を起こす．この反応は瞬間接着剤に応用されている．最初の反応でできるアニオン中間体の構造を共鳴で表せ．

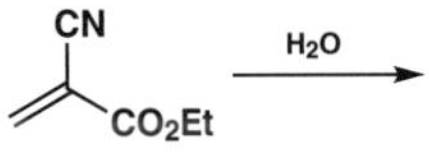

シアノプロペン酸エチル

4 π結合の酸塩基反応Ⅱ：芳香族置換反応

　3章でアルケンがπ塩基として酸を攻撃して，求電子付加反応を起こすことを学んだ．ベンゼンを代表とする芳香族化合物もπ塩基であるが，π電子を6個もち電子豊富であるにもかかわらず反応性は低い．たとえば，アルケンはHClと速やかに反応するが，ベンゼンは反応しない．

しかし，もっと強力な酸と反応させればベンゼンにも付加が起こるようになるが，付加に続いてプロトンが引き抜かれ，付加-脱離の結果，求電子置換反応になる．ベンゼンの塩基性は低く，反応させれば置換反応になってしまう．この章では，このような疑問について考えていこう．
　一方，強い電子求引基をもつハロベンゼンは，求電子性アルケン（3.7節）と同じように酸として働き，求核種（塩基）の攻撃を受けて求核置換反応を起こす．この反応についても述べる．

4.1　ベンゼンの反応性

　ベンゼンは環状に非局在化したπ電子をもち，電子豊富である．実際に，気相におけるプロトン親和力のデータをみると，エテン（665 kJ mol^{-1}）よりもベンゼン（745 kJ mol^{-1}）のほうが大きく，ベンゼンのほうがプロトン化されやすいことを示している．しかし，溶液中での塩基としての反応性はかなり低い．表2.1によると2-ブテン（N -2.45）やブタジエン（N -0.87）に比べて，ベンゼンのN -6.5である．ベンゼンと反応するには，高反応性

の酸（求電子種）を用いる必要がある．表2.1の E 値をみると，Br_2 の求電子性は予想外に高く MeOH 中で E 3 とカルボカチオンに匹敵する反応性である．アルケンとは速やかに反応する（3.3節）が，ベンゼンとはそれでも反応しない．ベンゼンの臭素化は，$FeBr_3$ や $AlBr_3$ のようなルイス酸触媒を加えると初めて進む（反応4.1）．

Point

反応しやすさ（反応性）は，反応物の電子状態だけでなく遷移状態にも依存する．

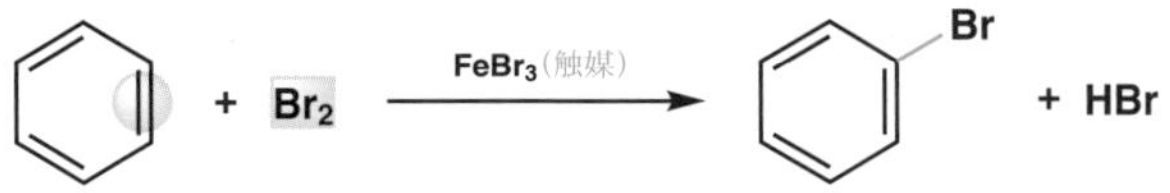

$$+ \; Br_2 \xrightarrow{\text{FeBr}_3 \text{(触媒)}} \text{（Br）} + HBr \qquad (4.1)$$

4.2　求電子付加–脱離機構による置換反応

ベンゼンの求電子置換反応は一般式で表すと反応4.2のようになる．1段階目はアルケンの場合と同じように求電子種（酸）E^+ の付加であるが，2段階目では塩基 B がベンゼンの C—H 結合からプロトンを引き抜く．その結果，ベンゼン環が再生され芳香族性が回復される．芳香族性による特別な安定化が脱離過程の推進力になっている．

Point

溶媒分子や求電子剤の一部が塩基 B として働く．

求電子置換反応：

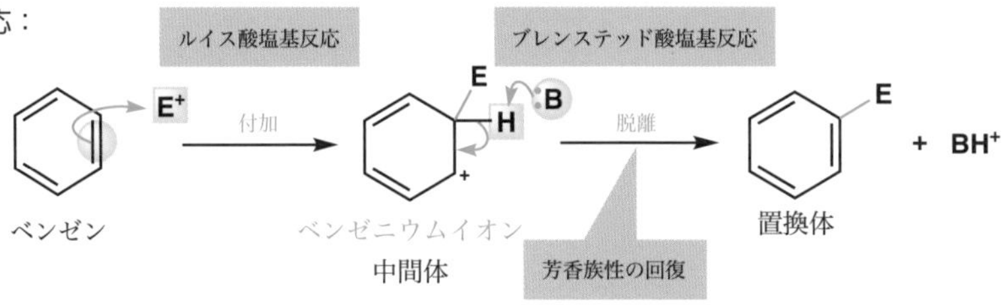

$$(4.2)$$

アルケンへの求電子付加反応を対比して示すと反応4.3のように書ける．置換反応の2段階目はブレンステッド酸塩基反応として起こっているが，付加反応は2段階ともにルイス酸塩基反応である．

求電子付加反応：

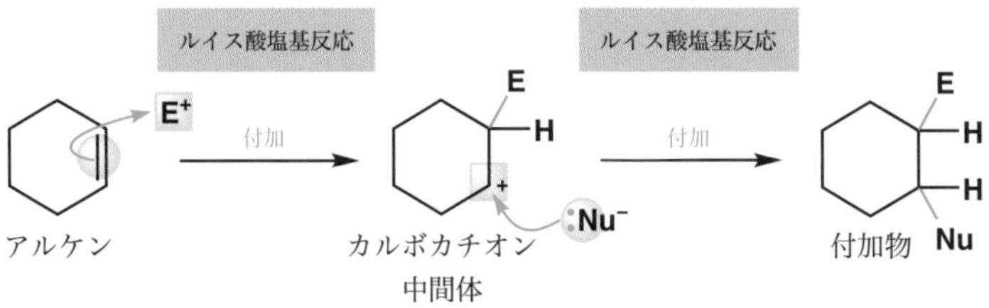

$$(4.3)$$

置換反応のカルボカチオン中間体はベンゼニウムイオンとよばれ，次の共鳴で表せるように非局在化している（ただし，芳香族性の原因になる環状の非局在化ほど安定化は大きくない）．

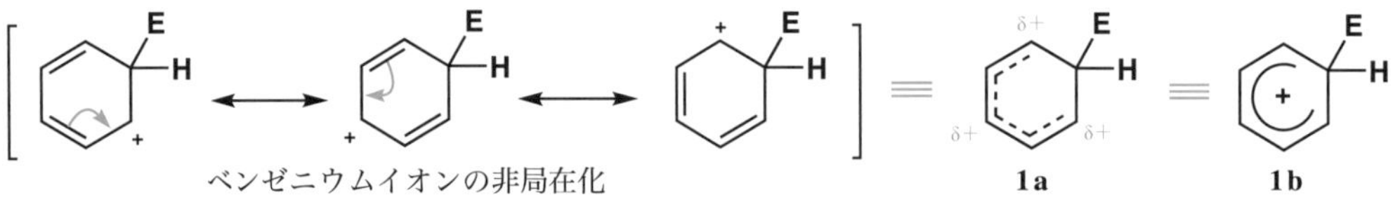

ベンゼニウムイオンの非局在化　　1a　　1b

正電荷はおもに置換位置のオルトとパラ位に分布しているので，**1a** のように表すこともできる．非局在化を強調して **1b** のように書くこともある．

4.3　ベンゼンのハロゲン化

ベンゼンの臭素化はルイス酸触媒によって反応 4.1 に示したように起こる．この反応ではベンゼンが塩基，Br_2 が酸として反応しているが，反応は一般式 4.2 で示したように求電子付加-脱離の 2 段階で進み，全反応で H が Br と置き換わる（反応 4.1 a）．アルケンへの付加においては，もう 1 分子の Br_2 が酸として Br—Br の開裂を助けている（反応 3.6 a）と考えたが，同じ役割をより強力なルイス酸触媒が果たし，ベンゼンへの求電子付加段階を促進している．この形式の反応は塩素でも起こる．

Point

ルイス酸触媒は，次のようにルイス酸塩基反応によって付加体をつくり，この付加体から求電子種 Br^+ を出していると考えてもよい．

$$Br-Br \quad FeBr_3 \rightleftharpoons$$

$$Br\overset{+}{-}Br\overset{-}{-}FeBr_3 \rightleftharpoons$$

$$Br^+ \;+\; FeBr_4^-$$

(4.1 a)

問題 4.1

次の塩素化反応の機構を書け．

4.4　種々の置換反応

芳香族求電子置換反応を，一般式で反応 4.2 のように表した．求電子種の種類によって異なる反応になるが，反応機構はどの反応でも簡単にはカチオン求電子種の付加と H^+ の脱離によって反応 4.2 のように表せばよい．種々の求電子種（酸）の発生方法を次ページに反応式で列挙し，ベンゼンとの反応生成物の構造を下に示している．ルイス酸触媒としてよく用いられるのは AlX_3 と FeX_3 である．ハロゲンカチオン X^+ は，上の欄外に Br_2 について示したのと同じように，ルイス酸塩基反応とイオン化（反応 4.4）で生成するものと考えよう．ハロゲン化アルキルやハロゲン化アシルからも同じようにカチオンを生成し，アルキル化やアシル化を達成する（反応 4.5 と反応 4.6）．これらの反応は，反応の発見者にちなんでフリーデル・クラフツ反応とよばれる．ニトロ化とスルホン化に使われる求電子種（ルイス酸）はブレンステッド酸の反応によって生成する（反応 4.7 と反応 4.8）．スルホン化では電荷をもたない三酸化硫黄も求電子種（酸）として反応する（式 4.8）．

Check!

置換ベンゼンの置換基に対して 2 位と 6 位をオルト（*ortho*：*o* と略す）位といい，3，5 位をメタ（*meta*：*m* と略す）位といい，4 位をパラ（*para*：*p* と略す）位といい，置換基の位置はイプソ（*ipso*）位という．

ハロゲン化：

$$X-X \quad FeX_3 \quad \rightleftharpoons \quad X-\overset{+}{X}-\overset{-}{F}eX_3 \quad \longrightarrow \quad X^+ + FeX_4^- \quad (4.4)$$
$$(X = Cl, Br)$$

生成物

Point

ヨウ素化に使う求電子種 I^+ は，I_2 に酸化剤（$HNO_2, CuCl_2, H_2O_2$ など）を作用させて発生させる．フッ素化は，F_2 の結合が弱くて活性すぎるので，F_2 で行うことはできない．

アルキル化：

$$R-Cl \quad AlCl_3 \quad \rightleftharpoons \quad R-\overset{+}{Cl}-\overset{-}{A}lCl_3 \quad \rightleftharpoons \quad R^+ + AlCl_4^- \quad (4.5)$$

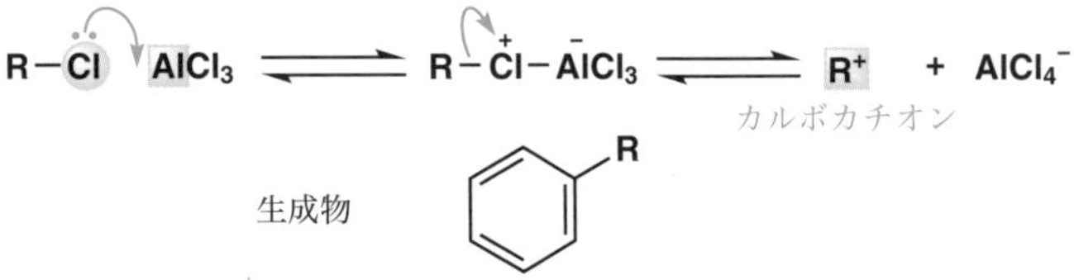

カルボカチオン

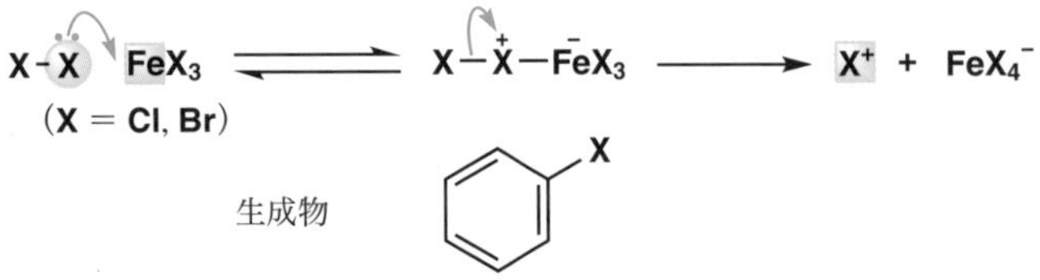

生成物

アシル化：

Point

アシル化に用いられるルイス酸 $AlCl_3$ は，生成物のケトンに配位するので不活性になり触媒反応にはならない（問題 4.3 参照）．

$$\underset{R}{\overset{O}{\parallel}}C-Cl \quad AlCl_3 \quad \rightleftharpoons \quad \underset{R}{\overset{O}{\parallel}}\overset{+}{C}-\overset{-}{C}l AlCl_3 \quad \rightleftharpoons \quad R-C\equiv O^+ + AlCl_4^- \quad (4.6)$$

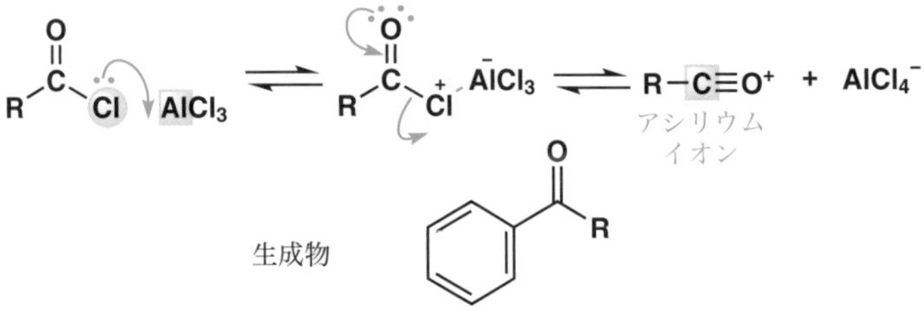

アシリウムイオン

生成物

ニトロ化：

Point

ニトロ基は共鳴で表される．
$-NO_2$

$$\overset{+}{N}-OH \quad H-O-S-OH \quad \xrightarrow{-HSO_4^-} \quad \overset{+}{N}-\overset{+}{O}H_2 \quad \xrightarrow{-H_2O} \quad O=\overset{+}{N}=O \quad (4.7)$$
硝酸　硫酸

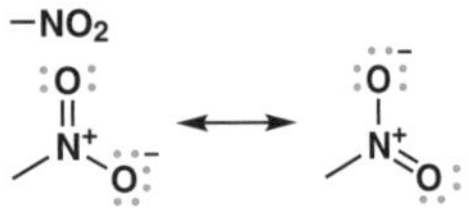

ニトロニウムイオン

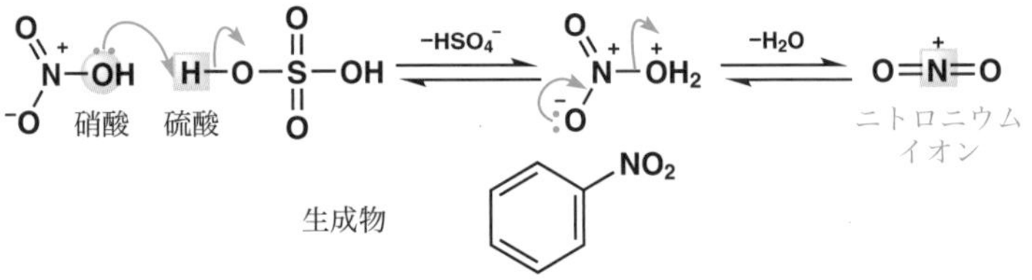

生成物

スルホン化：

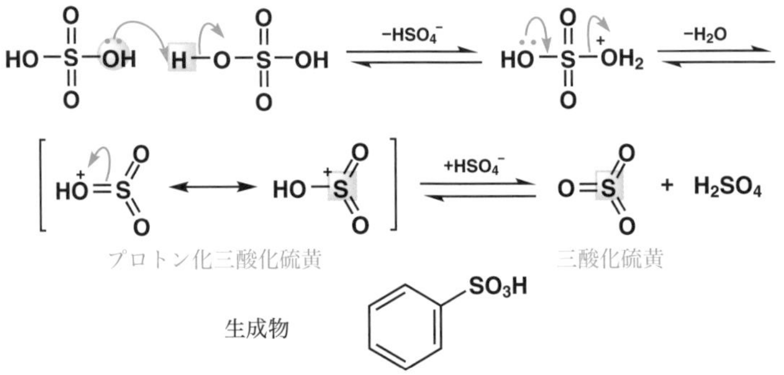

$$HO-S-OH \quad H-O-S-OH \quad \xrightarrow{-HSO_4^-} \quad HO-S-\overset{+}{O}H_2 \quad \xrightarrow{-H_2O}$$

$$\left[HO=\overset{+}{S} \quad \longleftrightarrow \quad HO-\overset{+}{S} \right] \quad \xrightarrow{+HSO_4^-} \quad O=S + H_2SO_4 \quad (4.8)$$

プロトン化三酸化硫黄　　三酸化硫黄

生成物

問題 4.2

アシリウムイオンを共鳴で表せ．

問題 4.3

ベンゼンのアシル化の反応機構を書け．

問題 4.4

リン酸存在下にベンゼンとプロペンを反応させると，アルキル化が起こる．この反応の機構を書け．

4.5 置換ベンゼンの反応

置換ベンゼンの反応においては，オルト，メタ，パラの異性体が生成する可能性があり位置選択性（配向性ともいう）が問題になる．また，置換ベンゼンの反応がベンゼンに比べて速いかどうか，反応性も問題である．たとえば，メトキシベンゼン（アニソール）は温和な条件で速やかにニトロ化され，主生成物としてオルトとパラ置換体を与える（反応 4.9）のに対して，ニトロベンゼンのニトロ化はより強い条件でゆっくりと進み，おもにメタ置換体を与える（反応 4.10）．

(4.9)

メトキシベンゼン（アニソール）

o–ニトロアニソール 71%

m–ニトロアニソール <0.5%

p–ニトロアニソール 28%

(4.10)

ニトロベンゼン

o–ジニトロベンゼン 6%

m–ジニトロベンゼン 92%

p–ジニトロベンゼン 2%

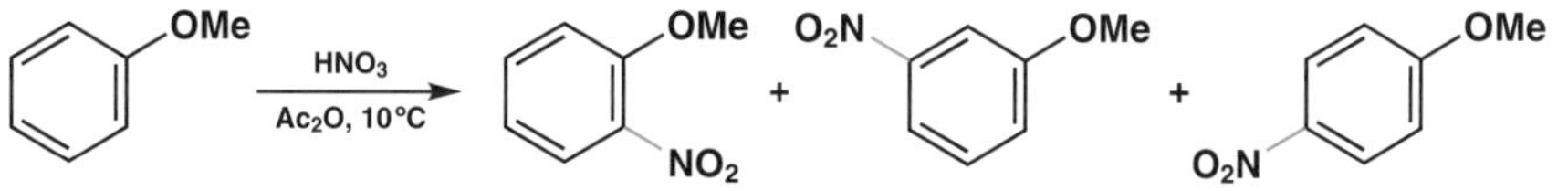

4.5.1 置換基効果

ここで，置換基による反応性と位置選択性に対する影響（置換基効果）がどのように現れ，どのように説明されるかという問題が生じる．これらの問題は，反応する置換ベンゼンの共鳴式を書いて π 電子の偏りを調べることによって説明できる．

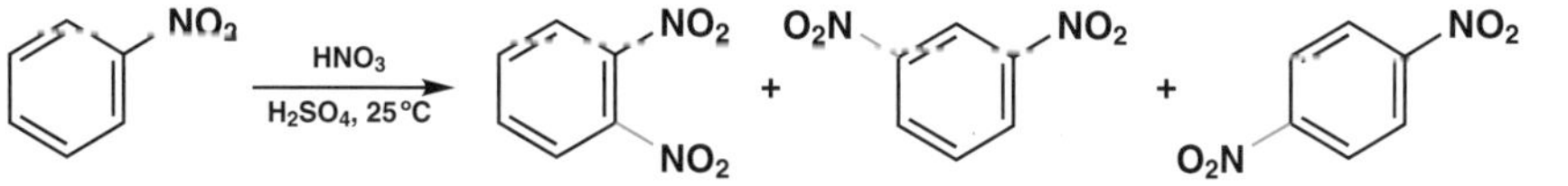

メトキシベンゼンでは，酸素の非共有電子対がベンゼン環に非局在化しておもにオルトとパラ位に分布することが分かる．そのために求電子種の付加が無置換ベンゼンよりも起こりやすく，おもにオルトとパラを攻撃することが予想される．

メトキシベンゼンの共鳴：

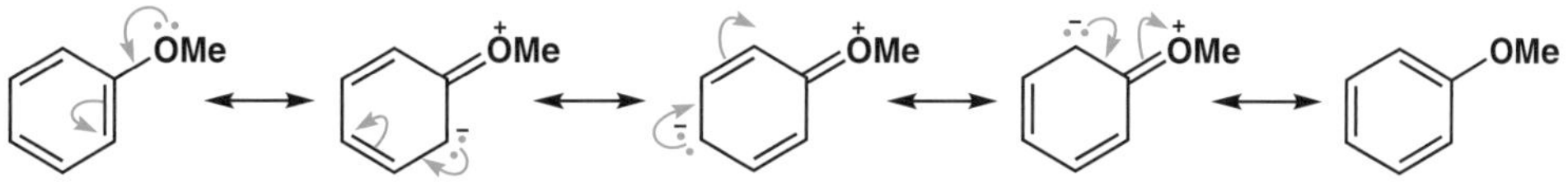

一方，ニトロベンゼンではベンゼン環の電子がニトロ基のほうに引き寄せられ，おもにオルト位とパラ位に部分正電荷が生じることが分かる．結果的に，ニトロ基は求電子付加の反応性を低下させる．とくにオルト位とパラ位への付加が阻害されているので，主生成物はメタ置換体になる．

ニトロベンゼンの共鳴：

問題 4.5

アセトフェノン（PhCOMe）を共鳴で表せ.

4.5.2　ベンゼニウムイオンの安定性

Point

反応性は，遷移状態のエネルギーに
よって決まるので，反応物よりも中
間体の構造で考えたほうがよい．こ
れがハモンドの仮説の述べるところ
である.

　置換ベンゼンの反応性と配向性は，ハモンドの仮説（コラム 3，p.30）に基づいて反応中間体のベンゼニウムイオンの安定性を調べることによって考えることもできる．4.2 節でみたように，ベンゼニウムイオンの正電荷はおもにパラとオルト位に分布する．その電荷を弱めるように電子を出す置換基（電子供与基）が o,p 位にあるとイオンは安定になるが，その電荷と反発するように電子を引きつける置換基（電子求引基）があるとイオンは不安定になる．置換基の電子効果は，2.6.3 項でカルボン酸やフェノールの酸性度に対する影響を説明するために用いた.

　メトキシベンゼンの o,p 位に求電子付加して生成するベンゼニウムイオンには，次のようにメトキシ酸素の非共有電子対が直接共役した共鳴式が書ける．この共役がイオンの安定化に大きく寄与し，メトキシベンゼンの高反応性と o,p 配向性を説明している．すなわち，メトキシ基は代表的な活性化オルト・パラ配向基である．メタ位付加でできる中間体にはこのような共役効果はみられず，酸素の誘起的な電子求引性のために反応性を低下させる傾向を示す.

メトキシベンゼンから生じたベンゼニウムイオン：

オルト位付加：　　　　　　　　　　　　　パラ位付加：

安定化に大きく寄与　　　　　　　　　　安定化に大きく寄与

　メトキシ基の o,p 配向性は O の非共有電子対の非局在化に基づいている．同じように非共有電子対をもつ Cl のようなハロゲン原子も o,p 配向性を示すが，電気陰性度が大きいために強い電子求引効果が加わるので反応性は低下する.

　一方，ニトロベンゼンの o,p 位に求電子付加して生成するベンゼニウムイオンには，正電荷が隣りあわせになるような共鳴式があるが，これは安定化に寄与しない（欄外にその構造式を示す）．メタ位付加でできる中間体には

オルト位付加：　パラ位付加：

そのような寄与式がないので，不安定化要因は小さいといえる．このことが
ニトロベンゼンの低反応性とメタ配向性を説明している．

問題 4.6

メタ-およびパラ-ニトロ置換ベンゼニウムイオンを共鳴で表せ．

4.5.3 置換基の分類

ベンゼンの置換基は，求電子置換反応に対する効果に基づいて 3 種類に分
類できる．

- 活性化オルト・パラ配向基（共役あるいは超共役効果による）

    NH_2, NR_2, OH, OR, Ph, Me, R（アルキル）
- 不活性化オルト・パラ配向基

    （誘起効果による不活性化と共役効果による o, p 配向性）

    F, Cl, Br, I
- 不活性化メタ配向基（電子求引性の共役と誘起効果による）

    NO_2, $C(R)=O$, CN, SO_3H, CF_3, NR_3^+

そして，これらの置換基を電子供与性から電子求引性のものまで，その効
果の大きさの順に並べると，図 4.1 のようになる．

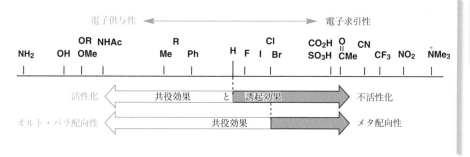

◀ 図 4.1
求電子置換反応に
おける置換基の効
果

問題 4.7

パラ-およびメタ-塩素置換ベンゼニウムイオンを共鳴で表せ．

問題 4.8

次のベンゼンと置換ベンゼンの組合せについて，求電子置換反応における反応性を比べて説明せよ．

（a） PhH, $PhCH_3$, PhOMe, $PhNO_2$

（b） PhH, PhF, PhNHAc, $PhCF_3$

（c） PhH, PhCl, PhCN, $PhCH_2CH_3$

問題 **4.9**

次の反応の主生成物は何か.

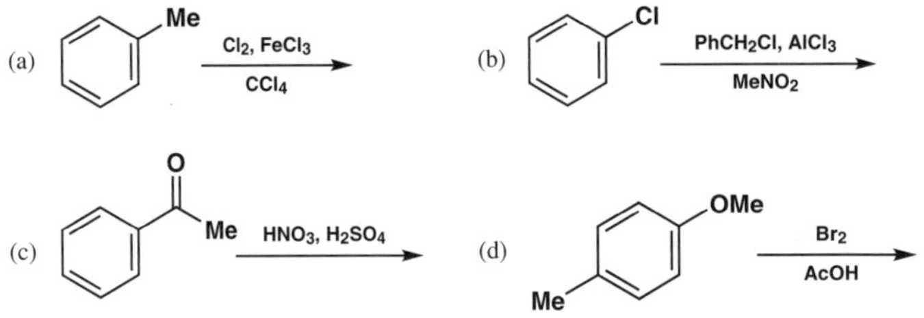

(a)

(b)

(c)

(d)

4.6 フェノールとアニリンの反応

　フェノールはアルコールとよく似た構造をもっているが，酸性度はアルコールよりも高く，アニリンの塩基性はアルキルアミンよりも低い（2.6.2項）．OH 基と NH$_2$ 基はいずれも強い活性化基（図4.1）なので，フェノールとアニリンはともに非常に高い反応性を示す．臭素化は水溶液中に Br$_2$ を加えるだけで進み，過剰にあれば容易に三置換体を与える（反応4.11）.

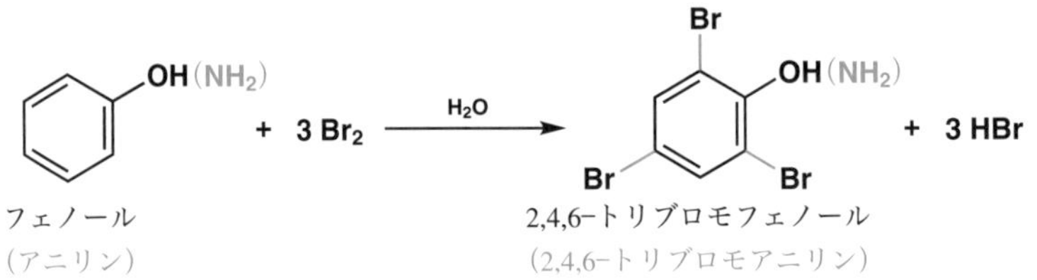

フェノール　　　　　　　　　　　2,4,6-トリブロモフェノール
（アニリン）　　　　　　　　　　　（2,4,6-トリブロモアニリン）

　フェノールは解離しやすいので，水溶液をアルカリ性にすればフェノキシドが生じ反応はさらに進みやすくなる．しかし，非水溶液中では低温で一置換体を得ることができる（反応4.12）.

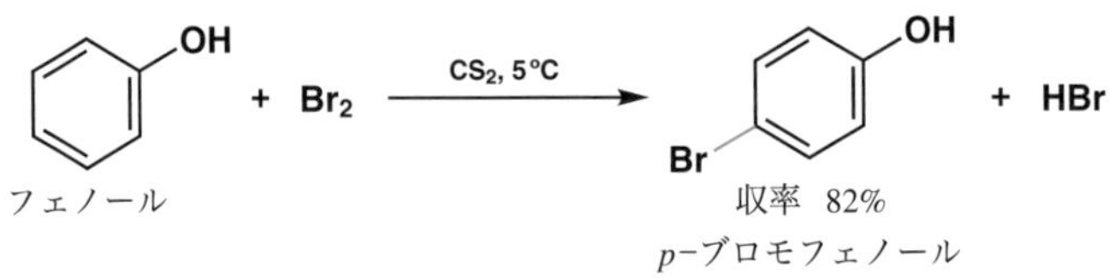

フェノール　　　　　　　　　　収率 82%
　　　　　　　　　　　　　　　p-ブロモフェノール

問題 **4.10**

フェノキシドイオンに Br$^+$ が付加して生じる中間体カチオンの構造を共鳴で表せ.

　アニリンは，溶液を酸性にすればプロトン化されるので反応性が低下する．強い酸の中ではアンモニオ基がメタ配向性を示す．たとえば，反応4.13のニトロ化では溶液の酸性の強さによって位置選択性が変化する．強い酸性条件でもわずかに残る遊離塩基の反応性が高いのでオルト・パラ体も生成してくる.

(4.13)

	85% H₂SO₄	4%	37%	59%

$$\begin{array}{cccc} & 85\%\ H_2SO_4 & 4\% & 37\% & 59\% \\ & 98\%\ H_2SO_4 & - & 62\% & 38\% \end{array}$$

　反応性の高いアニリンの一置換体を得ることはむずかしいが，反応性を抑えて選択性を向上させるとともに，酸塩基反応から生じる問題を回避するために *N*-アセチル化という方法がとられる．すなわち，NH₂ 基を *N*-アセチル（NHAc）基に変換し，反応後に加水分解してもとに戻せばよい（反応 4.14 と反応 4.15）．アセチル基の電子求引性のために *N*-塩基性も *C*-塩基性（反応性，ルイス塩基性）も緩和される．

> **Point**
>
> アセトアニリドはエタン酸のアミドである．構造を次のように書けばアミド構造が分かりやすい．
>
>
> アセトアニリド

(4.14)

(4.15)

アセトアニリド	19.4%	2.1%	78.5%

4.7　アニリンのジアゾ化

　第一級アミンは亜硝酸と反応させるとジアゾ化される．生成したジアゾニウム塩はジアゾニオ基の脱離能がきわめて大きいために不安定であるが，有用な反応の前駆体としても利用できる．

　亜硝酸（HNO₂）自体も不安定なので亜硝酸ナトリウムと強酸の反応によって反応溶液中で発生させる．低温で亜硝酸を発生させ（反応 4.16a），第一級アミンと反応させるとジアゾニウムイオンが生成する．反応の概略は反応 4.16b のように書ける．ジアゾニオ基は N₂ として脱離し，R⁺ を生じ分解する．

$$NO_2^-\ +\ H_3O^+\ \rightleftharpoons\ O{=}N{-}OH\ +\ H_2O \qquad (4.16a)$$

（NaNO₂）　　　　　　　　　　　　　　亜硝酸

ジアゾニオ基

$$R-NH_2 + O=N-OH \xrightarrow[-H_2O]{H_3O^+} R-\overset{+}{\underset{H_2}{N}}-N=O \xrightarrow{-H_2O} R-\overset{+}{N}\equiv N \qquad (4.16b)$$

第一級アミン　　　　　　　　　　　　　　　　　　　ジアゾニウムイオン

$$\downarrow$$

$$R^+ + N_2$$

Point

芳香族ジアゾニウム塩は，Cu(Ⅰ)塩存在下にハロゲン化物やシアン化物と反応させて ArX や ArCN に変換することもできるし，次亜リン酸 H_3PO_2 で還元すれば ArH になるので，NH_2 基を除去する反応としても有機合成に応用できる．

芳香族ジアゾニウム塩（アレーンジアゾニウム塩）は，アルカンジアゾニウム塩よりも安定であり，氷冷下で調製して種々の求核種（塩基）と反応させることができる．水溶液をそのまま加熱するとフェノールが得られる（反応 4.17）．この反応では中間体としてフェニルカチオンが生成することが確認されており，S_N1 機構で進んでいると結論されている．

$$Ar-NH_2 \xrightarrow[0\sim5℃]{NaNO_2,\ H_3O^+} Ar-N_2^+ \xrightarrow{-N_2} Ar^+ \xrightarrow{H_2O} Ar-OH \qquad (4.17)$$

4.8　芳香族求核置換反応

上でジアゾニウム塩が S_N1 機構で求核置換反応を起こすことを述べたが，ハロベンゼンのように求核的脱離基をもつ芳香族化合物も求核置換反応を起こすことができる．

4.8.1　求核付加‒脱離機構による置換反応

求電子性アルケンが求核付加を受けた（3.7 節）ときと同じように，ハロベンゼンが強い電子求引基をもっていれば求核付加‒脱離による置換が可能になる（反応 4.18）．

1-クロロ-2,4-ジニトロベンゼン　　　　　　　　　　　2,4-ジニトロフェノール　　　　　　(4.18)

反応は，式 4.19 に示すように，カルボアニオン中間体を経て進行する．この反応が進むためには，ハロベンゼンのオルトまたはパラ位には少なくとも一つ共役可能な電子求引基（NO_2, CN, RC(=O)など）があり，カルボアニオン中間体を共役によって安定化する必要がある．

カルボアニオン中間体　　　　　　　　　　　　　　　(4.19)

芳香族求核置換反応における共役型電子求引基の重要性は反応 4.20 の相対反応速度にみられる.

$$Ar\text{—}Cl \ + \ MeONa \xrightarrow{\text{MeOH, 80℃}} Ar\text{—}OMe \ + \ NaCl \qquad (4.20)$$

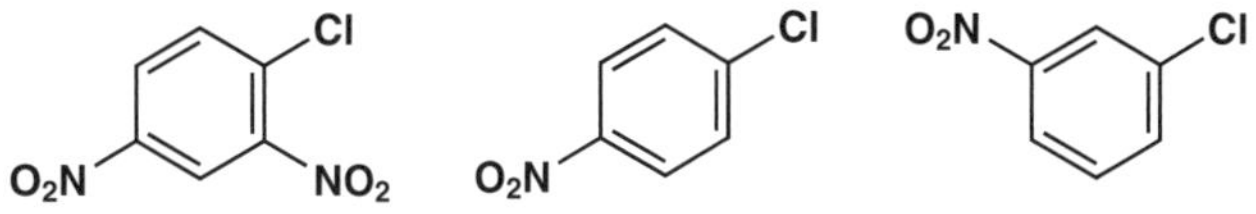

相対反応速度:　　　34 000　　　　　　1.0　　　　　　$<10^{-4}$

問題 4.11

反応 4.19 のカルボアニオン中間体を共鳴で表せ.

4.8.2 脱離–付加機構による置換反応

　求核付加–脱離機構による置換反応は，強い電子求引基によって活性化されたハロベンゼンにみられたが，活性化されていないハロベンゼンでも非常に強い反応条件を用いれば置換反応を起こす.たとえば，クロロベンゼンをNaOH とともに高温で融解するという過激な条件で反応させたり，液体アンモニア中で強力な塩基である NaNH$_2$ と反応させると置換反応が起こる(反応 4.21).

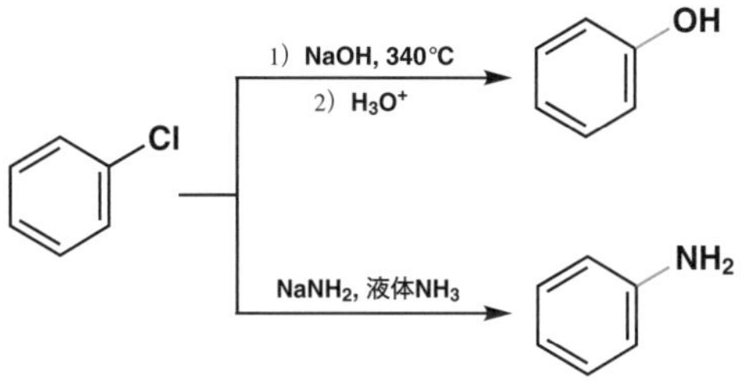

$$(4.21)$$

　このような反応を炭素同位体 ^{13}C(あるいは放射性同位元素 ^{14}C)で標識したクロロベンゼンを用いて行うと，Cl のイプソ位と隣接位に置換が起こっていることが分かった(反応 4.22).

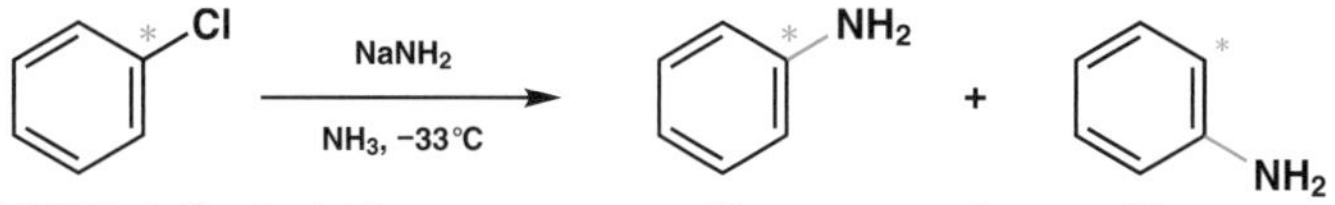

$$(4.22)$$

(*は炭素同位体 ^{13}C を示す)　　50　　:　　50

この結果は，Cl が結合していた炭素と隣接炭素が等価になるような中間体を考えれば説明がつく.そのような中間体として HCl 脱離によって生じる三重結合をもったベンザインが提案された(反応機構 4.23).

反応機構 4.23 脱離-付加機構による標識クロロベンゼンの求核置換反応

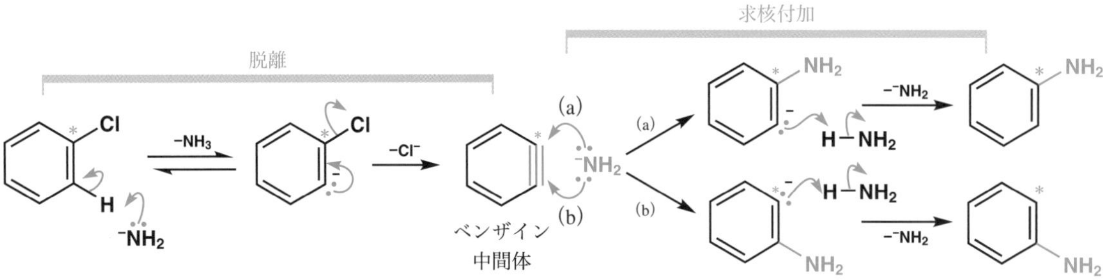

ベンザインの電子構造：

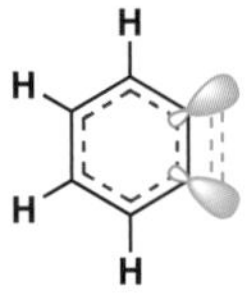

正常な三重結合は直線状なので，六員環は大きな結合角ひずみをもつことになり，この結合は異常である．ベンザインの電子構造をみると，欄外図のように，π結合の一つは正常なものであるが，もう一つのπ結合は環平面内で環の外に出ているsp^2混成に近い軌道の重なりで形成されている．この第二のπ結合は非常に弱く，反応性が高い．環平面内から求核攻撃が起こって置換反応が完結するが，置換ハロベンゼンの種類によっては，形式的な三重結合の両端に位置選択性が生じる．

メチル置換基の極性効果は非常に小さいので，反応 4.24 のように 2 種類の生成物はほぼ等量生成する．

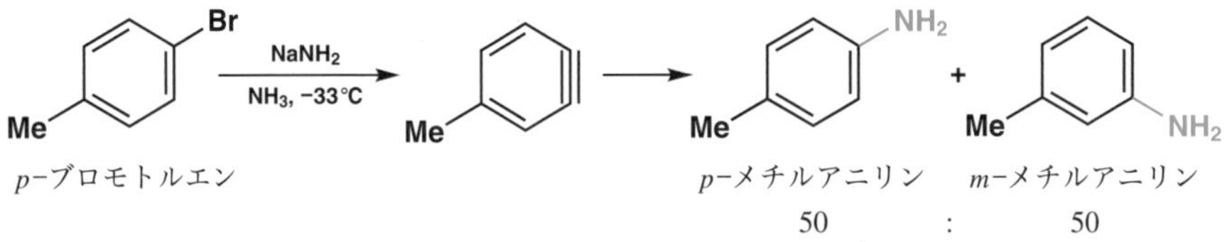

しかし，メトキシ基は極性効果が大きく，環平面内の攻撃に対しては誘起的な電子求引効果を及ぼす．ベンザインへの求核付加で生成するアニオン中間体の非共有電子対はsp^2混成軌道に入っており，ベンゼン環のπ電子系とは共役できないからである．したがって，アニオンは負電荷が電子求引基に近いほうが安定であり，反応 4.25 の結果になる．

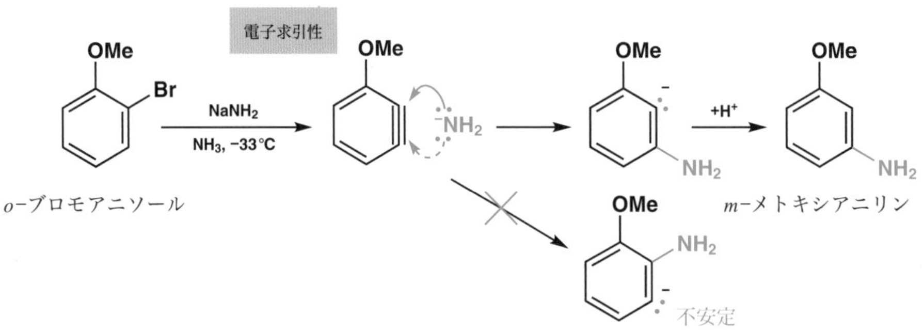

問題 4.12

m-クロロトルエンを液体アンモニア中で$NaNH_2$と反応させて得られる主生成物は何か．

5 飽和炭素における酸塩基反応Ⅰ：求核置換反応

　ヘテロ原子基 Y（ハロゲン X や O, N など）をもつ飽和化合物 RY は，Y が電気陰性であるために C—Y 結合が極性をもち，C に部分正電荷を生じる．その結果，この炭素は求電子（酸）中心となり，求核種（塩基）Nu⁻ の攻撃を受けやすい．Nu⁻ が C に結合すると，すでにオクテットになっている C からは C—Y 結合が切れ，Y⁻ が脱離基となって外れる．このルイス酸塩基反応の結果，Y が Nu に置き換わるので，この反応は求核置換反応である．RY には，下に示すように，ハロアルカン，アルコール，エステルなどがある．

ヘテロ原子基 **Y**（脱離基）
RY = ハロアルカン（**Y = X**），アルコール（**Y = OH**），エーテル（**Y = OR**），
　　　エステル（**Y = OSO₂R, OCOR**），アミン（**Y = NR₂**）

　塩基がブレンステッド酸塩基反応により Y の隣接炭素（β 炭素）からプロトンを引き抜き，Y⁻ が外れるとアルケンが生成し，脱離反応になる．

　この章では求核種（塩基）が α 炭素を攻撃して反応する求核置換反応について考え，塩基が β 位の水素を攻撃して反応する脱離反応については 6 章で解説する．

5.1　ブロモメタンの反応

　最初に単純な反応として，ブロモメタン CH₃Br に HO⁻ が直接攻撃して，Br⁻ と置き換わる反応を考えてみよう．類似のハロメタンの反応は 2 章（2.1 節）の反応 2.5 でもみたが，反応 5.1 に示すように，C—Br 結合の反対側から HO⁻ が攻撃して Br⁻ が押し出されるように離れていく状況が考えやすい．

このような単純な機構は単なる仮説にすぎないのか，それとも何か証拠を
もって証明できるのだろうか．

$$
HO^- \quad \underset{\substack{H \\ \text{ブロモメタン}}}{\overset{H}{C}-Br} \longrightarrow HO-\overset{H}{\underset{H}{C}}-H \ + \ Br^- \tag{5.1}
$$

　反応物の CH_3Br の H を一つずつメチル基に換えていくと，下に示すよう
に，反応性は低くなる．すなわち，ブロモメタン，ブロモエタン，2-ブロモ
プロパンは同じ反応速度式にしたがって反応が遅くなる．しかし，H が三つ
とも Me に置き換わって 2-ブロモ-2-メチルプロパン（臭化 t-ブチル）にな
ると，反応はかえって速くなり主生成物としてアルケンを与える（6.1 節参
照）．

	CH_3Br	$MeCH_2Br$	Me_2CHBr	Me_3CBr
相対反応性	1.0	0.08	0.014	?

　第三級アルキル化合物（Me_3CBr）を除いて，メチル置換によって反応性
が低くなるのは，上で仮定した HO^- の攻撃様式（脱離基の背面からの攻撃）
に矛盾しない．H が Me に置き換わるにつれて，求核攻撃に対する立体障害
が大きくなり反応を阻害するものと説明できる．

5.2　S$_N$2 反 応

　RY の置換反応は，塩基 Nu^- が α 炭素を攻撃すると同時に Y^- が脱離基と
して離れていき 1 段階で起こる場合（S$_N$2 機構）と，Y^- の脱離と Nu^- との
結合が段階的に起こる場合（S$_N$1 機構）とがある．まず，S$_N$2 機構について
考える．

5.2.1　反 応 機 構

　ブロモメタンの反応 5.1 と同じように起こる反応を一般式で書くと式 5.2
で表すことができる．

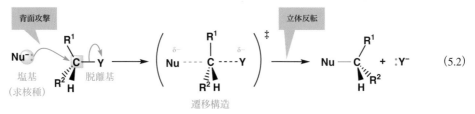

$$
Y = I,\ Br,\ Cl,\ OH\ (OH_2^+),\ OSO_2R,\ OCOR,\ NR_2\ (NR_3^+) \text{など}
$$
$$
Nu^- = HO^-,\ RO^-,\ I^-,\ Br^-,\ Cl^-,\ RS^-,\ CN^-,\ N_3^-,\ RNH_2 \text{など}
$$

この置換反応は，塩基（求核種）が背面から攻撃することにより二分子的に起こる．そこで，このような反応は二分子求核置換反応とよばれ，S$_N$2 反応と略称される．反応速度は式 5.2a のように表せ，二次反応である．

$$反応速度 = k_2[RY][Nu^-] \qquad (5.2a)$$

Point
律速段階に 2 分子が関わる反応を二分子反応という．

すなわち，S$_N$2 反応の特徴は，塩基の背面攻撃により立体反転で置換反応を起こし，立体障害を受けやすいということである．第三級アルキル化合物は立体障害のために S$_N$2 反応は起こさず，優勢な反応として別の反応機構（S$_N$1）による置換（5.3 節）や脱離反応（6.1 節）を起こすようになる．

Check!
立体化学については 1.6 節参照．

5.2.2　立体化学

反応は反応機構で示したように立体反転で起こる．立体化学は光学活性な化合物を用いて調べられているが，環状化合物の反応をみれば分かりやすい．たとえば，*trans*-1-ブロモ-4-メチルシクロヘキサンを塩基性水溶液中で反応させれば，HO$^-$ の求核攻撃の結果，立体反転して *cis*-4-メチルシクロヘキサノールが得られる（反応 5.3）．

trans-1-ブロモ-4-メチル
シクロヘキサン　　　　　　　　　*cis*-4-メチルシクロ
ヘキサノール

$$(5.3)$$

問題 5.1

(*R*)-2-ブロモブタンと HO$^-$ を反応させると (*S*)-2-ブタノールが得られる．

(*R*)-2-ブロモブタン　　　　　(*S*)-2-ブタノール

しかし，まずヨウ化物イオンと反応させてから，生成した 2-ヨードブタンと HO$^-$ との反応で得られた 2-ブタノールは *R* 異性体であった．この反応を書いて結果を説明せよ．

5.2.3　反応性

S$_N$2 反応は，反応速度が RY と塩基（求核種）の両方の濃度に依存するので，反応性は R（アルキル）基，脱離基 Y，そして塩基 Nu$^-$ の構造に影響される．

a. RY の構造　　RY の反応性は，5.1 節でメチル置換体についてみたように，立体障害が大きくなるとともに低下し，第三級アルキル化合物は実質的に S$_N$2 反応を起こさない（脱離反応などが優先される）．

S_N2 反応性（アルキル基の影響）:

メチル　　　　　第一級　　　　　第二級　　　　　第三級
（反応しない）

スルホン酸イオン（スルホナートイオン）の構造:

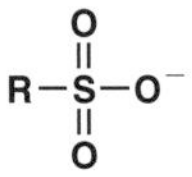

Y^- の脱離能は，共役酸 HY の酸性度が高くなるほど大きくなる傾向があるが，スルホン酸イオンは pK_a（約 −3）の割にとくに大きな脱離能をもつ．S_N1 反応（5.3 節）の反応速度から見積もられた傾向は次のようになっている．

Y^- の脱離能: $CF_3SO_3^- > ArSO_3^-, RSO_3^- > I^- > Br^- > Cl^-, H_2O > F^-, RCO_2^-$

HY の pK_a:　　−5.5　　　　約 −3　　　　−10　−9　−7　−1.7　3.2　約 5

アルコール ROH の HO^- の脱離能は非常に小さいが，酸性条件で ROH_2^+ になると H_2O がよい脱離基になる．

問題 5.2

C_4H_9Br の異性体の構造をすべて示し，S_N2 反応における反応性が高い順に並べよ．

問題 5.3

1−ブロモ−2,2−ジメチルプロパンは第一級アルキル化合物であるにもかかわらず S_N2 反応を起こしにくい．その理由を説明せよ．

---

b.　求核性　　S_N2 反応を起こすおもな塩基（求核種）としては次のようなものがある．プロトン性溶媒（H_2O や ROH）中における反応性（求核性，C に対する塩基性）の順に示す．表 2.1 にまとめたマイヤーの N 値（カルボカチオンに対する反応性）も参考になる．

おもな塩基 Nu^- の反応性（求核性）:

$RS^-, CN^-, I^- > RO^-, HO^- > Br^-, NH_3, RNH_2, N_3^- > Cl^- > RCO_2^- > F^- > H_2O, ROH$

周期表の同じ周期の原子が求核中心になっている場合には，ブレンステッド塩基性が高い（共役酸 HNu の pK_a が大きい）ほどルイス塩基性（求核性）も高い．しかし，同じ族の元素のアニオンを比べると高周期元素のほうが高反応性である．この傾向は pK_a からみたブレンステッド塩基性とは逆になっている．この傾向は原子の分極率（電子雲の変形しやすさ）が反応しやすさと関係しているからである．また，求核性は立体障害の影響を強く受ける．

5.2.4　溶媒効果

Check!
反応速度とエネルギーの関係についてはコラム 2（2章, p.13）参照．

極性反応は反応溶媒によって大きな影響を受ける．溶媒は反応物と遷移状態の安定性に影響を及ぼし反応速度を左右する．どのような分子間相互作用（1.5 節）を発現できるかによって，溶媒は大きく 3 種類に分類できる．

一つは酸性を示す H をもつ溶媒であり プロトン性溶媒 といわれる.

（a）　プロトン性溶媒

$$H_2O \qquad ROH \qquad RCO_2H \qquad \overset{\displaystyle O}{\overset{\|}{H-C}}-NHMe$$

水　　　アルコール　　カルボン酸　　N-メチルホルムアミド

この種類の溶媒は溶けた分子（溶質）を水素結合で安定化する.

それ以外の溶媒は 非プロトン性溶媒 といわれ，極性の大きいものと小さいものに分類される.

（b）　非プロトン性極性溶媒

$$\overset{\displaystyle O}{\overset{\|}{H-C}}-NMe_2 \qquad Me-\overset{\displaystyle O}{\overset{\|}{S}}-Me \qquad MeCN \qquad Me-\overset{\displaystyle O}{\overset{\|}{C}}-Me$$

N,N-ジメチルホルムアミド　ジメチルスルホキシド　エタンニトリル　　プロパノン
　　　　　　　　　　　　　　　　　　　　　　　（アセトニトリル）　（アセトン）

（c）　無極性溶媒（弱い極性をもつものを含む）

$$CH_3(CH_2)_4CH_3$$

ヘキサン　　　ベンゼン　　ジクロロメタン　ジエチルエーテル　テトラヒドロフラン

極性の大きいものはイオン間のクーロン力を弱め，非共有電子対の作用で酸性物質（カチオンも含む）を溶解しやすいのでイオン性物質も溶かすが，無極性溶媒は電荷をもたない有機物質しか溶かさない.

プロトン性溶媒は塩基の電子対と水素結合をつくって安定化するので塩基性を低下させる. この傾向は表 2.1 の N 値にもみられた. したがって，S_N2 反応はプロトン性溶媒中では遅くなる. 非プロトン性極性溶媒 中では塩基（求核種）が活性であり，S_N2 反応は水溶液中よりも効率よく起こる.

溶媒によって反応物よりも遷移状態が安定化されると反応は速くなり，逆に反応物のほうが遷移状態よりも安定化されると反応は遅くなる. たとえば，この章で最初の例にあげたブロモメタンと HO⁻ の S_N2 反応（反応 5.1）では，反応が進むにつれて負電荷が分散する（式 5.4）. したがって，溶媒の極性が大きくなると遷移状態よりも反応物のほうがより強く安定化されるので反応は遅くなる.

$$HO^- \text{(極性溶媒で安定化)} \quad \longrightarrow \quad \left(\overset{\delta^-}{HO} \cdots C \cdots \overset{\delta^-}{Br} \right)^{\ddagger} \text{(電荷の分散)} \quad \longrightarrow \quad HO-C + Br^- \tag{5.4}$$

遷移構造

一方，電荷をもたないアンモニアが求核種（塩基）として攻撃する S_N2 反応では，Br⁻ が外れて正電荷をもつアンモニウムイオンが生成する. 反応

物はいずれも電荷をもたないが，反応とともに電荷分離が起こってくる（式5.5）．したがって，極性溶媒によって遷移状態のほうが反応物よりも強く安定化されるので反応は速くなる．

$$(5.5)$$

5.3　加溶媒分解と S_N1 反応

S_N2 反応の最初の例としてブロモアルカン RBr と HO⁻ からアルコール ROH が生成する反応（式 5.1 とその説明）をみた．しかし，この反応条件では第三級アルキル化合物 Me_3CBr の S_N2 反応は立体障害のためにほとんど起こらず，別の種類の反応を起こす．ところが，水溶液中で Me_3CBr を加熱すると徐々にアルコールが生成してくる（反応 5.6）．これは置換生成物である．このように，溶媒分子が塩基となる反応は加溶媒分解とよばれる．

Check!

この反応（脱離反応）については6章で述べる．

Point

反応 5.6 の反応溶媒は H_2O としているが，実際には溶解性を増すために，水と混ざり，求核性の低い THF やプロパノンを共溶媒として使うことが多い．

$$(5.6)$$

2-ブロモ-2-メチルプロパン　　　　　　　　2-メチル-2-プロパノール
（臭化 t-ブチル）　　　　　　　　　　　（t-ブチルアルコール）

H_2O のように弱い塩基（求核種）が S_N2 機構で Me_3CBr と直接置換反応を起こすことは考えられない．では，反応はどのように進むのだろうか．

5.3.1　S_N1 反応の機構

2.3 節でみたように極性をもつ結合はイオン化し，カチオン（酸）とアニオン（塩基）を生成することができるので，次のような反応機構が考えられる．まず，イオン化（ルイス酸塩基開裂）でカルボカチオンを生成し（反応 5.6a），生成したカルボカチオンはルイス酸として溶媒の水分子と反応してアルコールを生成する（反応 5.6b）．

$$(5.6a)$$

カルボカチオン

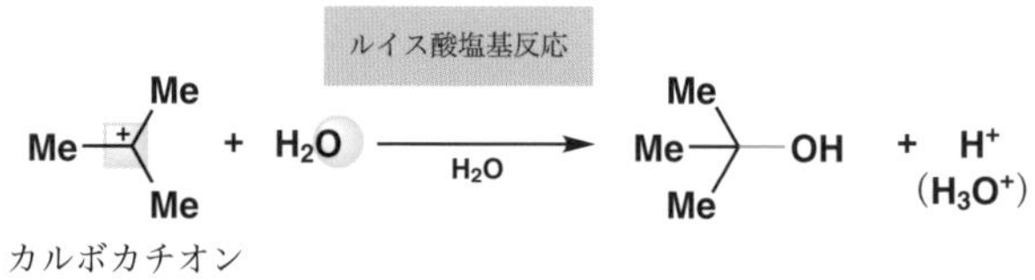

$$(5.6b)$$

カルボカチオン

2-ブロモ-2-メチルプロパン(臭化 *t*-ブチル)Me_3CBr の水溶液に KI を少量加えると 2-ヨード-2-メチルプロパン(ヨウ化 *t*-ブチル)Me_3CI も生成してくる(反応 5.7).しかし,この反応の速度は Me_3CBr の濃度のみに依存し,KI(I^-)の濃度には依存しない.すなわち,反応速度は,反応速度 $= k_1[Me_3CBr]$ のようになり,一次反応として表される.

Point

加溶媒分解では塩基(求核種)となる溶媒分子の濃度を変えられないので,反応速度に対する求核種の濃度依存性を調べられない.そこで,ブレンステッド塩基性が低く求核性の高い I^- が使われた.

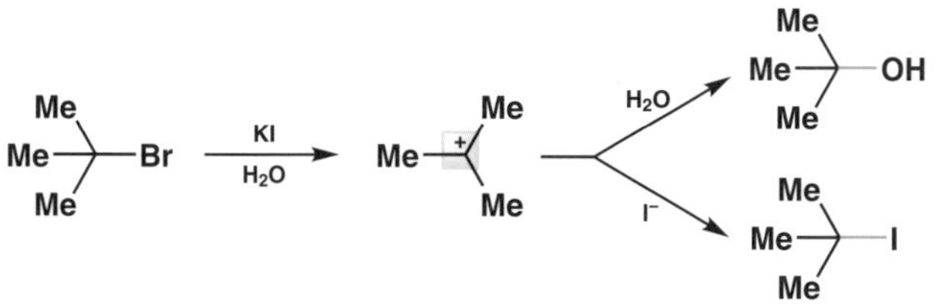

$$(5.7)$$

生成物比は,中間体のカルボカチオンと求核種(塩基)のルイス酸塩基反応における 2 種類の塩基,溶媒 H_2O と I^-,の反応速度比によって決まる.

この反応を一般式で書くと式 5.8 のようになる.

反応速度 $= k_1[RY]$ (5.8)

(**R**:第三級アルキル)

反応速度が出発物 RY だけに依存する一次反応であるということは,律速段階に RY が 1 分子だけが含まれる単分子反応であることを意味する.この反応速度式に一致する反応機構は,上に Me_3CBr について書いた 2 段階の反応 5.6 と同じように,反応 5.8a と反応 5.8b の 2 段階で表される.すなわち,R—Y のイオン化(ルイス酸塩基開裂)を律速とし,カルボカチオン中間体は速やかに塩基(求核種)Nu^- と反応する.このような置換反応は単分子求核置換反応とよばれ,S_N1 反応と略称される.

$$(5.8a)$$

カルボカチオン
中間体

$$(5.8b)$$

問題 5.4

2-ブロモ-2-メチルプロパン（臭化 *t*-ブチル）をエタノール中で加熱すると，ゆっくりと置換反応が起こる．この生成物の構造を示せ．

5.3.2　反　応　性

S_N1 反応における RY の反応性は R—Y のイオン化しやすさによって決まる．

RY のイオン化は，

- カルボカチオン R^+ が安定であるほど，
- 溶媒の極性が大きいほど起こりやすい．

中間体が安定であるほど反応性が高くなるという予想はハモンドの仮説（コラム 3，p.30）の考え方そのものである．

a.　カルボカチオンの安定性　実際，加溶媒分解における RY の反応性は R^+ の安定性から予想されるものと一致している（表 5.1）．R = $MeCH_2$（エチル）の場合には S_N2 反応の寄与もあると考えられるが，より反応性の高いものは S_N1 反応の相対反応性を示していると考えてよい．

<table>
<tr><td colspan="3">表 5.1　加溶媒分解における相対反応性</td></tr>
<tr><td>反応条件</td><td>H_2O, 25℃</td><td>EtOH, 50℃</td></tr>
<tr><td>R</td><td>RBr</td><td>ROTs</td></tr>
<tr><td>$MeCH_2$</td><td>1</td><td>1</td></tr>
<tr><td>Me_2CH</td><td>12</td><td>2.7</td></tr>
<tr><td>Me_3C</td><td>1.2×10^6</td><td></td></tr>
<tr><td>$CH_2{=}CHCH_2$</td><td></td><td>33</td></tr>
<tr><td>$PhCH_2$</td><td></td><td>400</td></tr>
<tr><td>Ph_2CH</td><td></td><td>10^5</td></tr>
<tr><td>Ph_3C</td><td></td><td>10^{10}</td></tr>
</table>

Check!

カルボカチオンの安定性については，アルケンへの求電子付加反応に関連して，3.2.2 項でも考えた．

Point

ROTs = R-O-S(=O)(=O)-⟨⟩-Me

（*p*-トルエンスルホン酸エステル）トシラートと略称される（p.71 参照）．

問題 5.5

加溶媒分解において $CH_2{=}CHCH_2OTs$ よりも $PhCH_2OTs$ のほうが高反応性である（表 5.1）のはなぜか．

---

b.　溶媒効果　極性の大きい溶媒中ではイオンが安定化される（5.2.2 項）ので，RY のイオン化が起こりやすい．Me_3CCl の加溶媒分解（S_N1 反応）の反応速度の相対値を表 5.2 に示す．H_2O は溶媒として非常にイオン化を起こしやすく，S_N1 反応のよい溶媒であることが分かる．しかし，有機化合物は一般的に水にはよく溶けないので，混合溶媒として使われることもあるが，有機反応の溶媒としては限定的にしか使えない．

表 5.2　種々の溶媒中における Me₃CCl の S_N1 反応速度の相対値

溶　媒	相対反応速度
EtOH	1
MeCO$_2$H	2.3
MeOH	8.8
EtOH–H$_2$O(8 : 2)	1.1×10^2
CF$_3$CH$_2$OH	1.2×10^3
HCO$_2$H	1.2×10^4
H$_2$O	3.4×10^5

c.　立体的な因子　　S_N1 反応では，律速段階で RY がイオン化する．この反応過程で反応中心の炭素原子が sp^3 混成から sp^2 混成になり，結合角が 109.5°から 120°に広がるために立体ひずみが解消される（図 5.1）．すなわち，炭素上の置換基どうしの込み合いが解消されることが反応の推進力になる．しかし，S_N2 反応では求核攻撃が背面から起こるので，置換基の込み合いが立体障害になる．

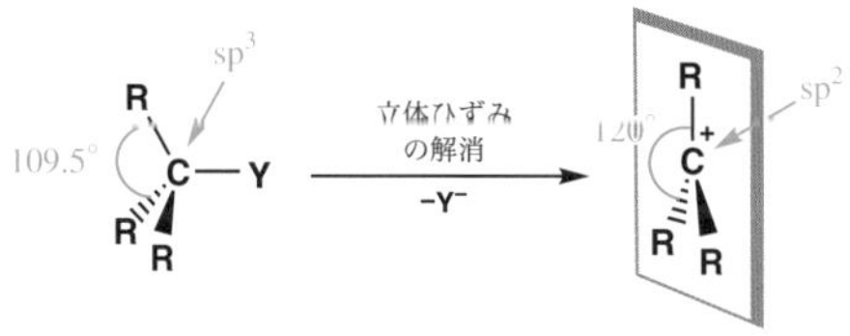

◀ 図 5.1
S_N1 反応における立体ひずみの解消

反応の立体化学も二つの反応機構で対照的である．S_N2 反応では背面攻撃によって立体反転を起こすが，S_N1 反応では中間体のカルボカチオンが平面構造をもつため，反応の立体化学は制御されない（図 5.2）．α炭素に結合している三つのグループ（R^1, R^2, R^3）が異なる場合には，生成物は等量のエナンチオマー（ラセミ体，1.6.2 項参照）になる．カルボカチオン平面のどちらの面からも同じ確率で反応が起こるためである．

Point
脱離基 Y^- がイオン対として近くに存在し，Nu^- の攻撃を邪魔することもある．

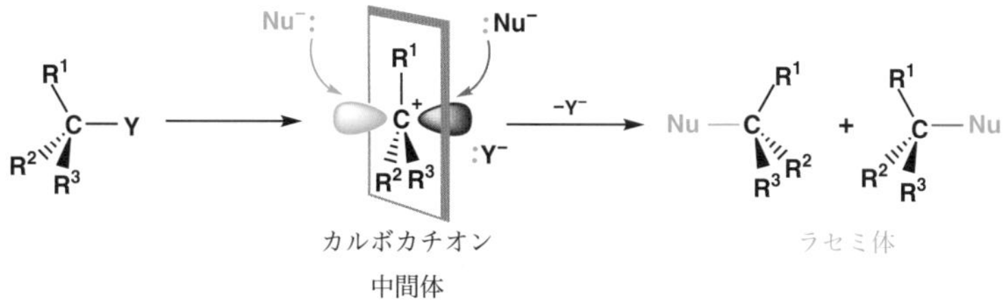

カルボカチオン
中間体
ラセミ体

◀ 図 5.2
S_N1 反応の立体化学

5.4　分子内求核置換：隣接基関与

通常の S_N2 反応は分子間の二分子反応であるが，分子内の適当な位置に塩基性のグループがあると分子内求核置換が可能になる．中間体として環状化合物が生成し，さらに二分子反応が進んで最終生成物を与える．反応は全

体として加速され，生成物には転位による異性体や立体保持化合物が含まれる．

その一例は 4-メトキシペンチルスルホナートのエタノーリシス（反応 5.9）である．この反応は単分子反応で環状中間体を生成し，次に二分子的な加溶媒分解（擬一次反応）が進行する．エタノール分子は求核種（塩基）として，出発物の C1（①），C4（②），およびメチル基（③）を攻撃して 3 種類の生成物を 58：40：2 の比率で与える．全反応はメトキシ基をもたないペンチルスルホナートの約 4000 倍の速度で起こる．この加速現象を隣接基関与という．

Point
隣接基関与は分子内 S_N2 反応で起こっていると考えてもよい．

反応 5.9　メトキシ基の隣接基関与

問題 5.6

クロロエタンは水溶液中では安定であるが，硫黄置換基をもつ 1-クロロ-2-メチルチオエタンは容易に置換反応を起こしアルコールになる．この反応は隣接基関与によって加速されている．反応がどのように進むか反応式で示せ．

5.5　S_N1 反応と S_N2 反応の競合

これまで学んできた S_N1 反応と S_N2 反応の特徴を表 5.3 に比較している．この表を手引きにしてこの章で学んだことを復習しよう．

第一級アルキル化合物は S_N1 反応を起こさず，第三級アルキル化合物は S_N2 反応を起こさないが，第二級化合物では両反応機構が競合する．

表 5.3　S_N1 反応と S_N2 反応の比較

	S_N1	S_N2
律速段階	単分子反応	二分子反応
反応速度	一次反応	二次反応
反応段階	二段階反応	一段階反応
中間体	カルボカチオン	な　し
反応性	カルボカチオン安定性	立体障害
	第三級＞第二級	メチル＞第一級＞第二級
	第一級は反応しない	第三級は反応しない
求核種	求核種は無関係	優れた求核種で有利
適した溶媒	プロトン性溶媒	非プロトン性極性溶媒
立体化学	ラセミ化または部分的反転	立体反転

　二つの反応機構の大きな違いは律速段階に求核種が関与するかどうかである．優れた求核種は S_N2 反応を起こしやすく，求核性の低い反応条件では S_N1 反応が起こりやすい．弱い求核種は水やアルコールのような電荷をもたない化合物で，プロトン性溶媒となるものが多い．このような溶媒は極性も高いのでカルボカチオン生成の条件としても有利である．すなわち，このような溶媒中では加溶媒分解として S_N1 反応が起こりやすい．

5.6 アルコールと誘導体の反応

　アルコールのヒドロキシ基は HO^- が脱離しにくい（H_2O の pK_a 約 16）ので，アルコールだけ（加溶媒分解の条件）でそのまま加熱しても反応は起こらない．しかし，酸性条件にすると O-プロトン化により H_2O が外れやすくなる．求核種（ルイス塩基）はブレンステッド塩基でもあるので，ほとんどの求核種（塩基）は酸性にすると求核性を失う．酸性にしてもプロトン化されない塩基は，ハロゲン化物イオン（X^-）の I^-，Br^-，Cl^- だけといってよい．これらの X^- は，求核性（ルイス塩基性）が強いので置換反応でハロアルカンを生成するが，H に対するブレンステッド塩基性は弱いので脱離反応は起こさない．

Point

HF は弱酸（pK_a 3.2）なので，pH < 3 で酸の状態になっている．ほかに酸性で反応できるのは求核性溶媒の H_2O, ROH, RCO_2H ぐらいだろう．

5.6.1 ハロゲン化水素酸との反応

　ハロゲン化水素 HX の水溶液は，70% 程度の濃い溶液でも，解離して酸・塩基対 $H_3O^+X^-$ になっている．したがって，たとえば第一級アルコールと臭化水素酸との反応（反応 5.10）は，式 5.10a のように 2 段階で進行する．置換反応は S_N2 機構で起こると考えられる．

Point

ハロゲン化水素 HX の水溶液をハロゲン化水素酸という（HCl 水溶液は塩酸ともいう）．

$$HX + H_2O \rightleftharpoons H_3O^+ + X^-$$

$$\text{（5.10）}$$

$$\text{（5.10a）}$$

　しかし，第三級アルコールは S_N1 機構で反応する．反応 5.11 は HI との反応を示している．ハロゲン化物イオンは，ルイス塩基性（求核性）は高いがブレンステッド塩基性は低いので脱離反応は起こしにくい．

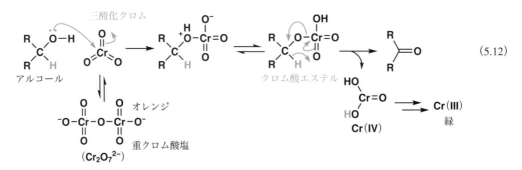

$$(5.11)$$

t−ブチル
アルコール

カルボカチオン
中間体

　第三級アルコールの酸触媒 S_N1 反応は，律速段階は単分子反応であるが，プロトン化アルコールの濃度が$[H_3O^+]$と$[ROH]$に依存するので反応速度からみれば，二次反応（反応速度 $= k[H_3O^+][ROH]$）になる．

問題 5.7

次の二つのアルコールをハロゲン化水素 HX と反応させると，(a) は HCl < HBr < HI の順に速く反応したが，(b) は HX の種類によらずほぼ同じ速さで反応した．この違いを説明せよ．

(a)　（構造式：2-シクロヘキシルエタノール）
(b)　（構造式：1-エチルシクロヘキサノール）

5.6.2　アルコールの酸化

　第一級あるいは第二級アルコールは酸化されてアルデヒドやケトンになる．酸化剤としてよく用いられるのはクロム(VI)化合物であり，クロム酸酸化とよばれる．反応はクロム酸エステルの分子内水素移動で起こる（反応5.12）．アルコールの α 水素がヒドリド（アニオン）の形で移動するものと考えられている．

$$(5.12)$$

アルコール

三酸化クロム

クロム酸エステル

オレンジ

重クロム酸塩
$(Cr_2O_7{}^{2-})$

Cr(IV)

Cr(III)
緑

クロロクロム酸ピリジニウム
（pyridinium chlorochromate：
PCC）

$$R-CH_2OH \xrightarrow[CH_2Cl_2]{PCC} R-CHO$$

第一級
アルコール

アルデヒド

　クロム(VI)は重クロム酸塩（橙色）として用いられることが多く，反応後にはクロム(III)まで還元されて緑色になる．この色の変化は顕著であり，アルコール検査（飲酒テスト）に用いられる．

　第一級アルコールは，水溶液中では生成したアルデヒドが水和されるので，さらに酸化されてカルボン酸になる．アルデヒドを得るために有機溶媒に溶けるクロム酸酸化剤が工夫されている．その一例が PCC（欄外）であり，CH_2Cl_2 中で用いられる．

問題 5.8

第三級アルコールが酸化されないのはなぜか.

問題 5.9

アルデヒドが水溶液中で酸化されてカルボン酸になるのはなぜか. 反応式を書いて示せ.

5.6.3 エーテルの反応

アルキルエーテルと HX との反応はアルコールと同じように起こる. ただ, 非対称なエーテルの反応においては, 二つの C—O 結合のどちらが切れるかという選択性が生じる. 酸性条件では反応性の高い塩基が存在しないので, S_N1 反応として進むことが多く, 主としてより安定なカルボカチオンを生成するアルキル基側で切れる.

反応 5.13 の例では第三級アルキル基側で反応する. 溶媒がエタン酸なので酸は HCl 分子であろう (式 5.13 a).

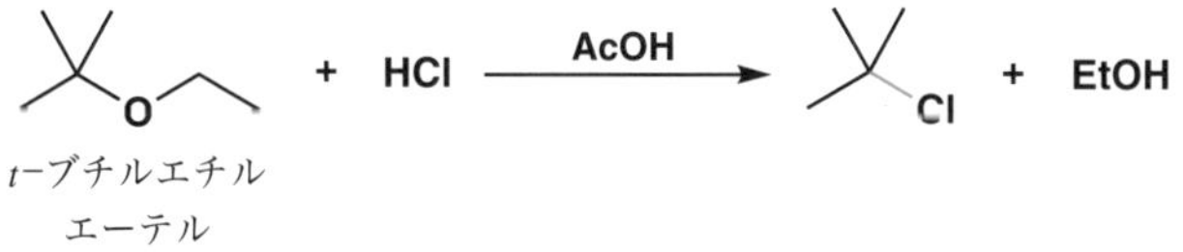

t-ブチルエチル
エーテル

(5.13)

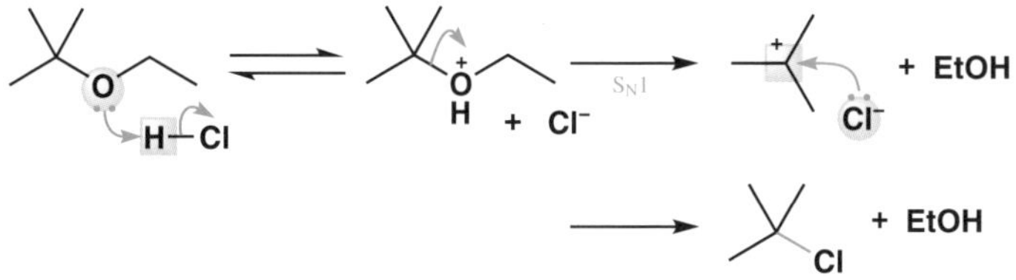

(5.13 a)

しかし, 第二級アルキルエーテルでは反応条件によって S_N1 反応か S_N2 反応が起こる. ヨウ化物イオンのように求核性の高いアニオンは S_N2 反応を起こすので第一級アルキル側で反応している (反応 5.14).

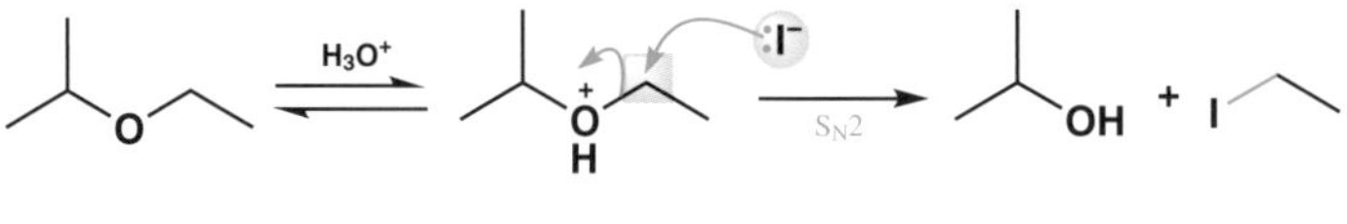

(5.14)

問題 5.10

三員環エーテルであるオキシラン (エポキシド) は, 環ひずみのために反応性が高いので, 酸性あるいは塩基性水溶液中で開環する. 酸性条件と塩基性条件におけるメチルオキシランの開環反応がどのように起こるか示せ.

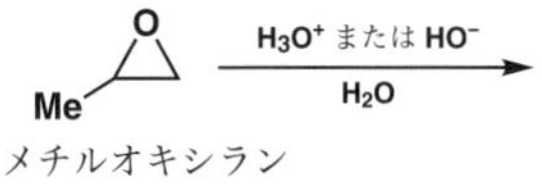

メチルオキシラン

5.6.4 エステルの反応

　カルボン酸エステルに対して求核種はカルボニル基で反応し，アルキル基側で反応することはほとんどない．しかし，スルホン酸エステルはスルホン酸イオンがよい脱離基となるので，アルキル基側の反応がハロアルカンと同じように起こる．したがって，アルコールをスルホン酸エステルに変換すれば，求核置換反応のよい反応基質になる（反応 5.15）.

Check!
スルホン酸イオンがよい脱離基になることは 5.2.3 項で指摘した.

$$\text{ROH} + \text{Ar}-\overset{\overset{\displaystyle O}{\|}}{\underset{\underset{\displaystyle O}{\|}}{S}}-\text{Cl} \xrightarrow[\text{-HCl}]{\text{ピリジン}} \text{R}-\text{OSO}_2\text{Ar} \xrightarrow{\text{Nu}^-} \text{R}-\text{Nu} + \text{ArSO}_3^- \qquad (5.15)$$

求核置換反応　　　　　　　　　よい脱離基

塩化スルホニル　　　　　　スルホン酸エステル　　　　　　　スルホン酸イオン

6 飽和炭素における酸塩基反応Ⅱ：脱離反応

ハロアルカンと類似化合物，すなわち RY は，ヘテロ原子基 Y が脱離しやすいので，Y に換わって α 炭素に求核種（ルイス塩基）が結合すれば求核置換反応になる．この反応が 5 章のテーマであったが，RY の β 位の CH が酸としてブレンステッド酸塩基反応を起こすと脱離反応になる．この章では脱離反応について学ぶ．

5 章でブロモメタン CH_3Br の H をメチル基に置き換えていくと HO^- との反応（S_N2 反応）が遅くなっていくのに，第三級の Me_3CBr の反応はかえって速くなることを指摘した．しかし，反応は置換ではなく脱離反応で，生成物はアルケンである（反応 6.1）．

$$\text{(6.1)}$$

一方，強塩基の存在しない加溶媒分解の条件においては，第三級化合物は単分子反応でおもに S_N1 反応（置換）を起こす（5 章，反応 5.6）．しかし，少量のアルケン（水溶液では 10% 程度）も生成してくる（反応 6.2）．すなわち，脱離反応を併発する．この脱離反応はどのように起こるのだろうか．

$$\text{(6.2)}$$

6.1 E1 反 応

Check!

反応 5.6a と反応 5.6b で起こる S_N1 反応と比較せよ.

まず，単分子求核置換反応（S_N1 反応）と競合して起こる単分子脱離反応（**E1反応**）について考えよう．Me₃CBr のイオン化（反応 6.3a）に続いて，カルボカチオン中間体からの脱プロトンが反応 6.3b のように起こる．活性なカルボカチオン（強酸）は弱塩基の H_2O 分子とでも酸塩基反応を起こし，アルケンを生成する.

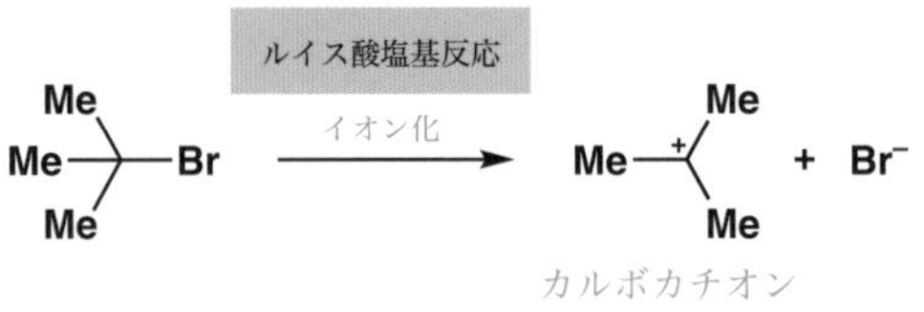

$$\text{(6.3a)}$$

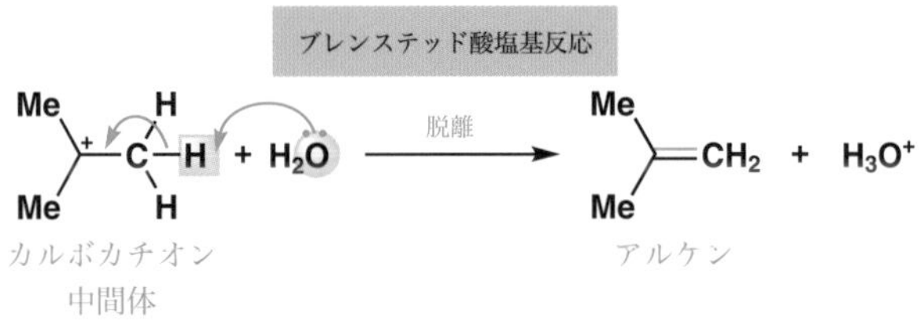

$$\text{(6.3b)}$$

6.1.1 反 応 機 構

Check!

S_N1 反応の一般式（反応 5.8a と反応 5.8b）と比較せよ.

この反応は，S_N1 反応と同じく，RY のイオン化を律速とする単分子反応として起こる．一般式で書けば，式 6.4a と式 6.4b で表すことができる．反応速度は S_N1 反応と同様に［RY］のみに依存する（式 6.4c）．すなわち，一次反応である.

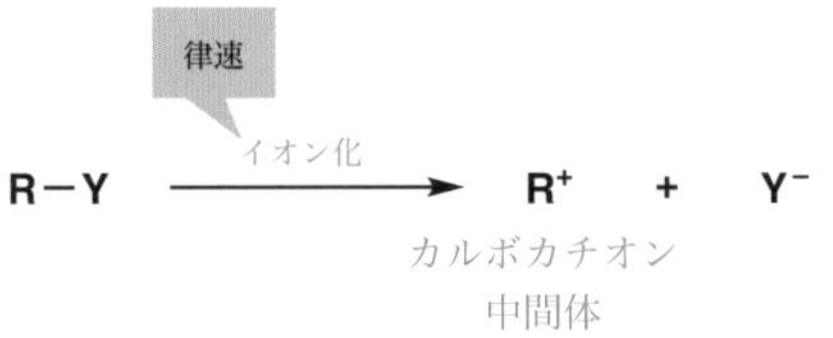

$$\text{(6.4a)}$$

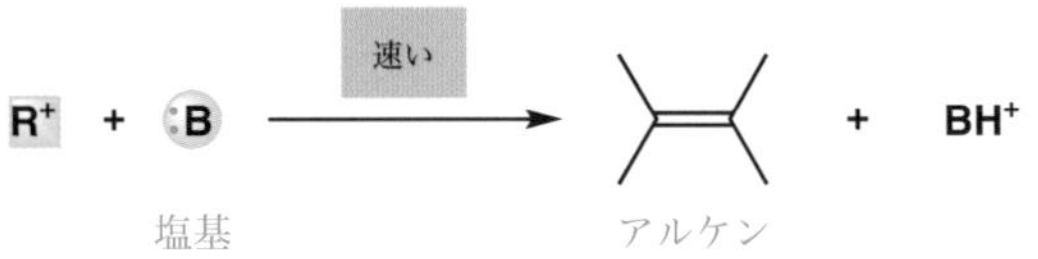

$$\text{(6.4b)}$$

$$反応速度 = k_1[RY] \qquad \text{(6.4c)}$$

6.1.2 S_N1 反応との競合

2-ブロモ-2-メチルプロパン（臭化 t-ブチル）Me₃CBr の加溶媒分解において，置換と脱離の生成物は式 6.5 にまとめたような比率で得られる．その比率（選択性）を決めているのは，溶媒の求核性（ルイス塩基性）とブレンステッド塩基性であり，置換には立体障害の影響が大きいと思われる．この選択性は，結果的に 5.2.4 項（溶媒効果）でみたように，反応物と遷移状態

（TS）の安定性に対する溶媒の影響の違いによるものとして考えればよい．

$$ (6.5) $$

ROH =		
H_2O	93%	7%
MeOH	80%	20%
EtOH	64%	36%
AcOH	30%	70%

いま問題にしている選択性を決める反応過程はカルボカチオンと ROH の反応であり，TS において電荷の分散が起こる．電荷分散の程度は置換反応（S_N1）より脱離反応（E1）のほうが大きいと考えられる（式 6.6a と式 6.6b）．極性の高い溶媒はイオン性の高い状態をより強く安定化するので，TS では E1 反応よりも S_N1 反応のほうが極性溶媒でより強く安定化される．したがって，極性の高い溶媒（H_2O）では相対的に S_N1 反応のほうが起こりやすいと説明できる．

$$ (6.6a) $$

$$ (6.6b) $$

6.2 E2 反応

6.2.1 E2 反応と S_N2 反応

塩基性の強い条件では，二分子的な置換（S_N2 反応）と脱離反応が起こる．第三級化合物 RY は S_N2 反応を受けないので，もっぱら脱離反応を起こす（反応 6.7）．この脱離反応は，RY に直接強塩基が作用して二分子的に二次反応（反応速度 $= k_2[\text{RY}][\text{塩基}]$）として起こるので，二分子脱離反応とよばれ E2 反応と略称される．

$$ (6.7) $$

繰り返しになるが，第三級化合物は強塩基性条件では E2 反応を 100% の選択性で起こすのに対し，第二級化合物と第一級化合物では，反応 6.8 と反

応 6.9 の例のように，S_N2 反応が競合し，第一級アルキル化合物では置換反応が支配的になる．

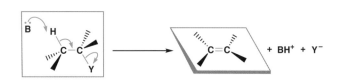

2-ブロモプロパン
第二級
13%　87%　　　　(6.8)

1-ブロモプロパン
第一級
91%　9%　　　　(6.9)

6.2.2　反応機構と軌道相互作用

Point
軌道相互作用によって立体化学が決まるような反応は立体特異的であるといわれる．E2 機構は立体特異的であるが，脱離反応全体としては立体選択的である（p.74 のコラム 4 参照）．

　脱離反応では，C—H と C—Y の二つの結合切断が起こる．E2 反応ではこの二つの結合切断，すなわち，塩基 B によるプロトンの引抜きと脱離基 Y の脱離が同時に進行する．それとともに H—B 結合と π 結合が形成される．すなわち，これら四つの結合変化が図 6.1 に示すように協奏的に起こる反応であり，結合をつくるために効率よく軌道相互作用する必要がある．その結果として，反応の立体化学が決まる．

▶ 図 6.1
E2 反応における協奏的な結合変化

[図：E2 反応における協奏的な結合変化] + BH⁺ + Y⁻

　すなわち，C—H と C—Y の二つの結合切断が協奏的に起こり，関与する分子軌道が同一平面内にあって効率よく相互作用して新しい π 結合を形成する．そのためには，図 6.2 で説明するように H—C—C—Y 結合が同一平面内にあって，H と Y が反対方向に抜けていくような立体配座をとる．すなわち，H—C 結合と C—Y 結合がアンチ共平面になり，アンチ脱離で反応が進む．

▶ 図 6.2
ハロアルカンの E2 反応における軌道相互作用
（a）脱プロトンのための塩基 B の HOMO（非共有電子対）と H—C 結合の反結合性 σ*MO の相互作用
（b）π 結合生成のための H—C 結合の結合性 σMO と C—Y 結合の反結合性 σ*MO の相互作用

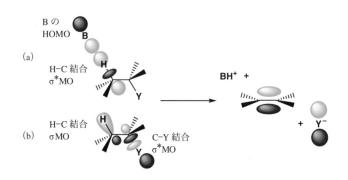

図 6.2a のように塩基 B の HOMO（非共有電子対）と H—C 結合の反結合性 σ* 軌道の相互作用によって C—H からのプロトン引抜きが起こり，B—H 結合が形成される．同時に，図 6.2b のように H—C 結合の σ 軌道と C—Y 結合の σ* 軌道の相互作用によって π 結合が形成される．

Point

図 6.2a では B と Y⁻ はそれぞれ p AO を使って結合をつくっているものと考えている．一方，図 6.2b では C—H の結合電子対が π 結合に入り，C—Y の結合電子対は Y⁻ の非共有電子対になることを示している．

6.3　E2 反応の連続性と E1cB 反応

上で述べたように E2 反応では H—C 結合と C—Y 結合の切断が連動して起こっている．しかし，結合切断の進行度は両者で異なっていてもよい．C—Y 結合のヘテロリシスが先行して起こりカルボカチオンを中間体として進む反応が E1 反応であった（式 6.10）．

E1 反応：

$$（6.10）$$

もう一方の極限として，H—C 結合のヘテロリシスが先行してカルボアニオンを中間体とする反応も可能である．カルボアニオン中間体は出発物の共役塩基（conjugate base）であることから，この反応機構は E1cB 機構とよばれる（式 6.11）．この機構では通常カルボアニオン中間体からの単分子的な Y⁻ の脱離が律速になる．

E1cB 反応：

$$（6.11）$$

E2 反応における遷移構造（TS）の変動は，二分子反応で起こる E2 反応の範囲内で，図 6.3 のように表すことができる．カルボカチオンを安定化する要因があり，Y⁻ の脱離能が大きいほど TS は E1 的になり，逆にカルボアニオンの安定化要因があり，Y⁻ の脱離能が小さく，塩基が強いほど TS は E1cB 的になる．

◀ 図 6.3
E2 脱離反応の遷移構造の連続的変化

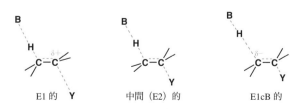

E1 的　　　中間（E2）的　　　E1cB 的

6.4　脱離反応の位置選択性

6.4.1　E1 反応の位置選択性

　　反応基質 RY に異なる β 位が存在する場合には 2 種類以上のアルケンが生成する可能性がある．第三級アルキル臭化物の 2-ブロモ-2-メチルブタンのエタノール中における加溶媒分解（エタノーリシス）では，S_N1 置換生成物とともに 2 種類のアルケンが得られる（反応 6.12）．この二つの E1 脱離生成物のうち三置換アルケンが二置換アルケンよりも約 5 倍多く生成している．この位置選択性は，中間体のカルボカチオンから 2 種類の βH のどちらが引き抜かれるかによって決まる（式 6.12a）．

2-ブロモ-2-
メチルブタン　　　　　　　64%　　　　　30%　　　　　　6%　　　　　(6.12)
　　　　　　　　　　　　S_N1 生成物　　　　　　　E1 生成物

2-ブロモ-2-
メチルブタン　　　カルボカチオン中間体　　　2-メチル-2-ブテン　　(6.12a)
　　　　　　　　　　　　　　　　　　　　　　　　2-メチル-1-ブテン

> **Check!**
> 多置換アルケンが生成する傾向はザイツェフ（Zaitsev）則とよばれる.

　　E1 反応では，一般的にカルボカチオン中間体からより安定な多置換アルケンが生成する傾向がある．遷移構造の安定性に生成物の安定性が反映されるためであると考えられる．アルケンは共役によって安定化されるが，アルキル基も超共役効果をもつ．

問題 6.1

2-ブロモ-2-メチルペンタンのエタノーリシスによってできるおもな生成物の構造を予想せよ．

6.4.2　E2 反応の位置選択性

　　E2 反応でもとくに理由がなければ，E1 反応と同じように，より安定なアルケンが生成しやすい．反応 6.12 の E1 反応と同じ反応基質を，エタノール

2-ブロモ-2-
メチルブタン　　　E2 反応　　　　　　　　　　　　　　　　　　(6.13)

EtONa/EtOH　　　79%　　　　　　21%

t-BuOK/*t*-BuOH　　27%　　　　　　73%

中で強塩基を用いて反応させると三置換アルケンが主生成物になる（反応
6.13）．この反応条件では S_N2 置換反応を起こさないが，アルケンの比率は
E1 反応の場合と似ている．E2 反応でも遷移状態に生成物アルケンの安定性
が反映されているものと考えられる．しかし強塩基性条件でも，塩基が *t*‐
ブトキシド（Me_3COK）のようにかさ高いと立体障害の少ない末端の H を
引き抜くようになり，置換基の少ないアルケンの比率が増大する．

　反応 6.14 はトリメチルアンモニウム塩の脱離反応の結果を示している．
この反応例では三置換体よりも二置換体をより多く生成している．この反応
の脱離基はアミンであり，脱離能が小さいので脱離基の脱離に比べて脱プロ
トンが先行して起こりやすい．アンモニオ基の正電荷は隣接炭素に生じる負
電荷を安定化する効果もある．したがって，図 6.3 に示した E1cB 的傾向を
有利にしている．この傾向はかさ高い塩基の場合により顕著に現れている．

$$(6.14)$$

	EtONa/EtOH	39%	61%（*trans/cis*＝5.2）
	t-BuOK/*t*-BuOH	16%	84%（*trans/cis*＝12.7）

問題 6.2

　3‐ブロモ‐2‐メチルペンタンを EtOH 中で EtONa と反応させたときに生成するおもなアルケンの構造を示せ．

問題 6.3

　次の反応におけるアルケンの生成比を説明せよ．

	MeONa/MeOH		
X = I	81%（*trans/cis*＝3.5）	19%	
X = F	31%（*trans/cis*＝2.4）	69%	

6.5　アルコールの脱水反応

　アルコールに H_2SO_4 や H_3PO_4 のような強酸を少量加えて加熱すると，脱
水してアルケンを生成する（反応6.15）．

$$(6.15)$$

この脱水反応は，3.1.2 項でみたアルケン水和の逆反応にほかならない．実
際，この反応は可逆であり，反応機構もカルボカチオンを中間体として酸触

媒水和反応を逆向きにたどる（式6.15a）．この3段階の反応は酸触媒E1脱
離反応になっている．

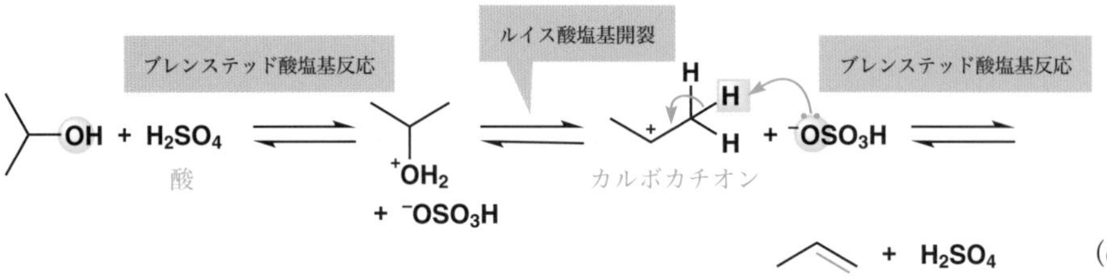

アルコールのβ水素が2種類以上あるときには位置選択性が生じ，異性体
アルケンが生成する．その一例を反応6.16に示す．

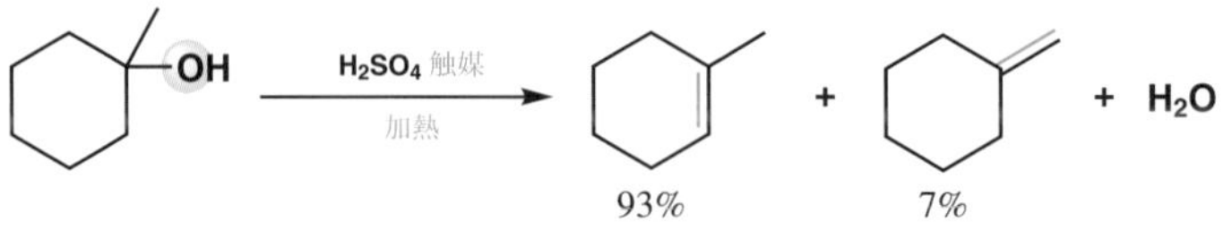

問題 6.4

次の反応の機構を書いて，結果を説明せよ．

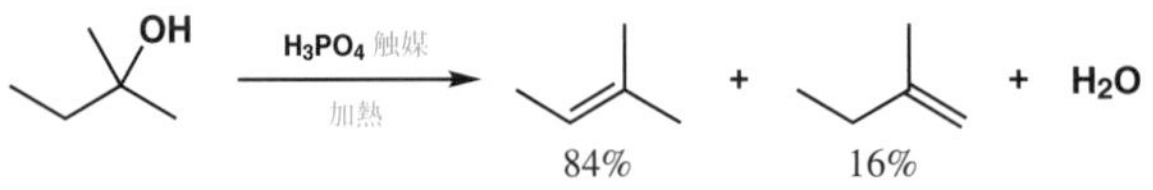

問題 6.5

次のようなケトアルコールの塩基性条件における脱水反応はE1cB機構で進む．その理由を説明し，反応機構
を書け．

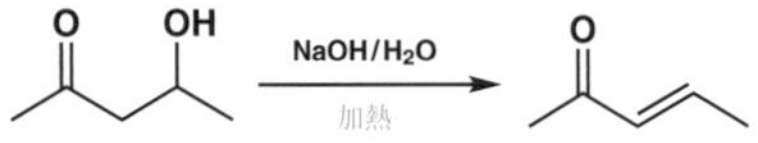

6.6　カルボカチオンの転位

E1反応やS$_N$1反応の不安定な中間体カルボカチオンは，隣接炭素から水
素やアルキル基が移動すること（1,2-転位）によって，より安定なカルボカ
チオンになることがある．たとえば，反応6.17に示す第二級アルコールの
酸性水溶液における脱離反応では中間体カルボカチオンが1,2-メチル移動で
第三級カルボカチオンになり，主生成物として転位アルケンを与える．最初
に生成した第二級カルボカチオンが1,2-メチル移動で速やかに転位して第三
級カルボカチオンになり，2種類の転位生成物を与える（式6.17a）．

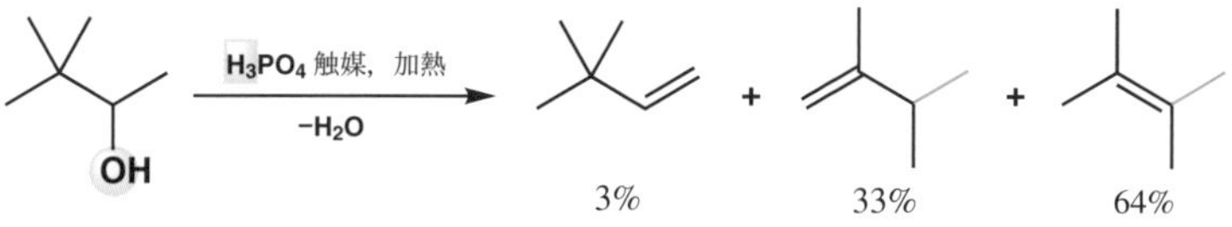

(6.17)

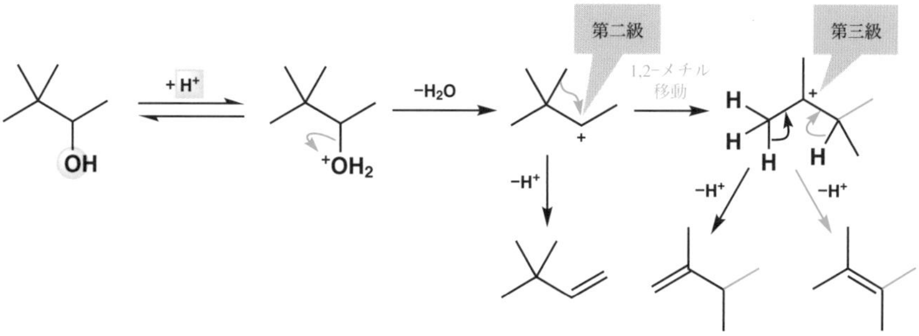

3%   33%   64%

(6.17a)

第二級   第三級

1,2-メチル移動

ハロゲン化水素酸による置換反応（ハロゲン化）においても同じような1,2-転位反応が起こる（反応6.18）．この反応では**1,2-水素移動**が起こっている．

Point
1,2-水素移動ではHが電子対とともに移動するので1,2-ヒドリド移動ともよばれる．

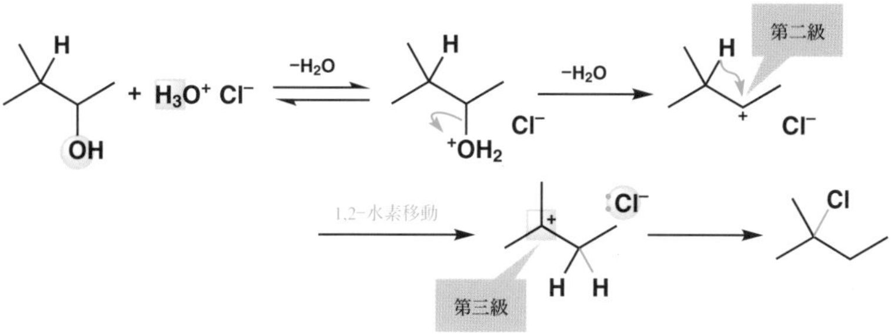

(6.18)

第二級

1,2-水素移動

第三級

ハロアルカンのS_N1反応でもカルボカチオン転位は起こり得るが，求核性の低い溶媒中で第二級化合物のS_N1反応は起こりにくい（アルコールの酸触媒反応の条件と比べてみるとよい）．

反応6.19のような重水素化2-ブチルトシラートを用いた加溶媒分解における1,2-転位の検出も興味深い．トリフルオロ酢酸はきわめて求核性の低い溶媒であり第二級カルボカチオン中間体のHまたはDの1,2-移動が起こり，4種類のカルボカチオンが生成し，生成物に導かれると考えれば，Dの分布が説明できる（式6.19a）．

Check!
トシラート ＝ p-トルエンスルホン酸エステル（ROTs）

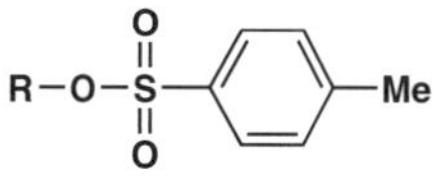

p-トルエンスルホン酸エステル

$$CH_3CH_2CDCD_3 \xrightarrow{CF_3CO_2H} CH_3CH_2CDCD_3 + CH_3CHCDHCD_3$$
|OTs |OCOCF_3 |OCOCF_3
49%   45%

重水素化
2-ブチルトシラート

$$+ CH_3CHDCHCD_3 + CH_3CDCH_2CD_3$$
|OCOCF_3 |OCOCF_3
4%   2%

(6.19)

$$CH_3CH_2\overset{\cdot}{C}DCD_3 \longrightarrow CH_3CH_2\overset{+}{C}DCD_3 \underset{}{\overset{1,2-H\text{移動}}{\rightleftharpoons}} CH_3\overset{+}{C}HCDHCD_3$$

$$\underset{1,2-D\text{移動}}{\overset{}{\rightleftharpoons}} CH_3CHD\overset{+}{C}HCD_3 \underset{}{\overset{1,2-H\text{移動}}{\rightleftharpoons}} CH_3\overset{+}{C}DCH_2CD_3 \qquad (6.19\,a)$$

　　同じような 1,2-転位はアルケンへの求電子付加反応においてもみられる（反応 6.20）．カルボカチオンが転位する前に Cl⁻ で捕捉された生成物も得られる．

$$\qquad (6.20)$$

17%　　　　　　83%

　　第一級アルコールの酸触媒反応では，第一級カルボカチオンは不安定で生成しないが，求核性の低い条件では，H_2O が切れていくと同時に転位して，安定なカルボカチオンを生成することもある（反応 6.21）．

Check!

2,2-ジメチルプロピル基は慣用名でネオペンチル基とよばれるので，反応 6.21 の反応基質はネオペンチルアルコールともよばれる．

2,2-ジメチル-1-プロパノール

$$\qquad (6.21)$$

2-ブロモ-2-メチルブタン

問題 6.6

次の第二級クロロアルカンの加水分解において，転位生成物を与える反応の機構を書け．

問題 6.7

次のジオールは酸性条件で転位してケトンになる．この転位反応の機構を書き，その推進力について考察せよ．

ピナコール　　　　　　　ピナコロン

6.7 置換と脱離の競合

ハロアルカンと関連化合物 RY は，求核種または塩基との反応で置換と脱離を競争的に起こす．求核種（ルイス塩基）が炭素を攻撃すると求核置換になるが，ブレンステッド塩基として β 炭素から H を引き抜くと脱離になる．

種々の反応条件における RY の反応について，表 6.1 に概略をまとめている．

表 6.1 **RY の置換反応と脱離反応**

	求核性溶媒 (H$_2$O, ROH, RCO$_2$H)	弱塩基性求核種 (I$^-$, Br$^-$, RS$^-$)	強塩基性求核種	
			立体障害小 (EtO$^-$)	立体障害大 (t-BuO$^-$)
第一級 RCH$_2$Y	反応しない	S$_N$2	S$_N$2	E2
第一級 R$_2$CHCH$_2$Y	反応しにくい	S$_N$2	E2	E2
第二級 R$_2$CHY	S$_N$1/E1（遅い）	S$_N$2	E2	E2
第三級 R$_3$CY	E1/S$_N$1（速い）	S$_N$1/E1	E2	E2

弱い求核性をもつプロトン性溶媒中では，溶媒分子は反応性が低すぎるので直接 RY を攻撃して反応することはない．溶媒極性は高いので第三級と第二級の RY は自発的に（単分子的に）イオン化（ルイス酸塩基開裂）してカルボカチオン R$^+$ を生成し，溶媒分子と反応して S$_N$1 反応か E1 反応を起こす．しかし，単純な第一級 RY が反応することはない．ただ，枝分かれしたものは転位を経て反応することがある．

塩基を加えて反応するとき，置換になるか脱離になるかは塩基の性質に依存する．第一級 RY の場合は S$_N$2 が優先されるが，強塩基では E2 も起こる．とくに立体障害の大きい t-ブトキシドのような強塩基では E2 優先になる．第三級 RY や立体障害の大きい枝分かれした RY では，S$_N$2 が阻害される．E2 はあまり立体障害に影響されず，多置換アルケンが生成しやすい．

第二級 RY は境界領域にあって，置換と脱離の比率は反応条件に依存する．HO$^-$ や RO$^-$ のように塩基性の高い場合には E2 が優先されるが，AcO$^-$ のように塩基性が低い場合には置換が優先される．高温では置換よりも脱離が起こりやすくなる．

問題 6.8

次の反応でそれぞれ置換と脱離のどちらが起こりやすいか説明し，主生成物の構造を示せ．

コラム　4　　　　　　　　　選択性について

　ハロアルカンと類似化合物 RY の二つの反応，置換と脱離のように，ある化合物に複数の反応経路があるときにその比率を化学選択性という．脱離反応にはどの H が引き抜かれるかという位置選択性の問題もある．位置選択性はアルケンへの求電子付加や芳香族置換反応にもみられ，配向性ともいう．RY の置換反応や脱離反応の生成物は立体化学も問題になり，立体選択性という問題が生じる．これら 3 種類の選択性の実例を次にまとめ，対応する項または節を示す．

化学選択性（chemoselectivity）
・RY の置換と脱離（6.7 節）
・アルデヒド，ケトンとエステルのヒドリド還元（7.5 節）
・エノンのカルボニル付加と共役付加（7.7 節）
・カルボン酸誘導体の相互変換（7.10 節：四面体中間体からの脱離基選択）
・エノラートイオンの生成と分解（8 章導入部）

位置選択性（regioselectivity）
・アルケンへの求電子付加（3.1.1 項：マルコフニコフ配向）
・ブタジエンへの付加（3.6 節：1,2/1,4-付加）
・置換ベンゼンの求電子置換（4.5 節：o,m,p-配向）
・ベンザイン機構による芳香族求核置換（4.8.2 項）
・RY の脱離反応（6.4 節：ザイツェフ則とホフマン則）

立体選択性（stereoselectivity）
・アルケンのハロゲン化（3.3 節：アンチ付加）
・RY の求核置換（5.2.2 項：立体反転）
・RY の脱離反応（6.2.2 項：アンチ脱離）

　上の例で，エノラートイオンの生成（脱プロトン）はカルボニル付加との競争になり，分解過程ではプロトンが C（求電子付加）と O（ブレンステッド酸塩基反応）を選択しているので化学選択性の例とした．エノラートやエノンのような共役系の反応選択性は位置選択性とみなされることもある．

7 カルボニル基の酸塩基反応

カルボニル（C=O）基は，アルデヒドとケトン（カルボニル化合物），そしてカルボン酸とその誘導体に含まれ，生体物質にも普遍的に存在する重要な官能基の一つである．C=O 二重結合には π 結合も含まれるが，酸素原子の電気陰性度のために結合電子対は酸素のほうに偏っている（その偏りは共鳴で表すこともできる）．しかも酸素は非共有電子対をもっている．そのため，炭素が酸性中心となり，酸素は塩基性中心となる．

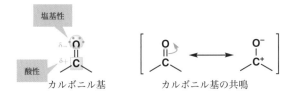

極性二重結合である C=O 基の π 結合はルイス酸（求電子種）として炭素に塩基（求核種）の攻撃を受け，求核付加反応を起こす．これはアルケンの π 結合が塩基として反応し，求電子付加反応を起こすのと対照的である．一方，カルボニル酸素の塩基性は，カルボニル基の酸触媒反応の原因になっている．

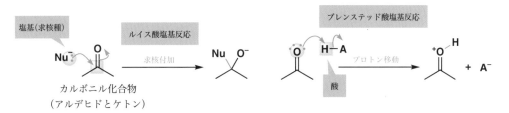

カルボン酸誘導体 RCOY はカルボン酸の OH 基をヘテロ原子基 Y に置き換えたものであり，カルボニル基への求核付加に続いて Y⁻ の脱離が起こり得る．付加–脱離の結果は求核置換反応となる．

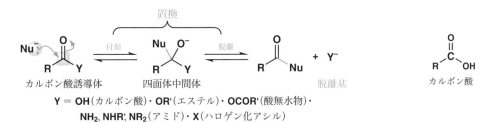

Y = OH（カルボン酸）・**OR'**（エステル）・**OCOR'**（酸無水物）・**NH₂, NHR', NR₂**（アミド）・**X**（ハロゲン化アシル）

カルボン酸誘導体には Y によって上に示したようなものがあるが，付加–脱

Check!

RCO 基をアシル基という.

アシル基

離機構による求核置換反応で相互変換し，加水分解すればすべてカルボン酸になる．また，RCO 基をアシル基というのでアシル化合物と総称することもある．

この章では，まず 7.1 節でカルボニル結合の電子状態を説明し，7.7 節までの前半でカルボニル化合物の反応について学び，7.8 節以下の後半でカルボン酸誘導体の反応について調べる．

7.1　カルボニル結合の π 分子軌道

最初に述べたように C＝O 結合は極性をもつ．この π 結合電子対の偏りは π 分子軌道 (MO) の電子分布から説明できる．C と O の 2p 原子軌道 (AO) の重なりにより結合性 πMO (π) と反結合性 πMO (π*) ができる（図 7.1）．そのようすは 1.1.2 項でみた H—F 結合の σMO の形成とよく似ている．2p AO のエネルギーは C よりも O のほうが低い（1.1.2 項の欄外表）．結合性 πMO は O の側に偏っており，反結合性 πMO (π*) は C の側に偏っている．結合電子は結合性 πMO (π) に入るので O のほうに偏っており，極性結合をつくる．

▶ 図 7.1
カルボニル結合の π 分子軌道

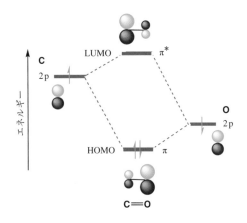

塩基 Nu⁻ は部分正電荷をもつ C を攻撃すると説明したが，Nu⁻ の HOMO（非共有電子対）が C＝O の LUMO である反結合性 πMO と相互作用すると考えればよい．Nu⁻ は図 7.2a に示すように結合平面の垂直方向から四面体角をなして近づき，図 7.2b のように軌道間の相互作用を起こす．

▶ 図 7.2
**カルボニル基への求核攻撃 (a)
と HOMO-LUMO 相互作用 (b)**

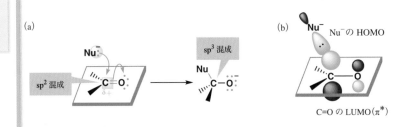

7.2 シアノヒドリンの生成

シアン化物イオン CN⁻ は RO⁻ や HO⁻ にも勝る求核性をもつ（5.2.3 項）.
CN⁻ のカルボニル基への付加は容易に起こるが，HCN はあまり解離していないので NaCN のような塩を加えて反応を進める．NaCN 水溶液は pH が高いので，付加物の酸素アニオンからの逆反応も起こりやすく，平衡が生成物のほうに偏らない．したがって，平衡反応を生成物に偏らせるためには，HCN も共存できる pH（約 9）で反応させる必要がある．ルイス酸塩基反応に続いてブレンステッド酸塩基反応によって反応が生成物に偏る．

Point
シアン化水素 HCN は猛毒の無色気体であり，水溶液における pK_a は 9.1 である．共役塩基である CN⁻ の塩だけを溶かすと，水溶液は pH > 10 になる.

(7.1)

問題 7.1
シアン化水素は sp 混成炭素に結合した H に由来する炭素酸である．エチンの pK_a (25) と比べて，H—C≡N の pK_a 値（9.1）を説明せよ.

7.3 水和反応

カルボニル化合物の水和反応は反応 7.2 のように書ける．アルデヒドの水和反応については，すでに 2 章の反応例として取り上げ，塩基触媒と酸触媒反応の反応機構まで示した（2.3 節，反応 2.4a と反応 2.6）．反応は可逆であり，平衡反応として表される（反応 7.2）.

(7.2)

7.3.1 水和反応の平衡

平衡定数は一般的に反応物の安定化と生成物の不安定化によって小さくなる［図 7.3，コラム 2（p.13）参照］．図 7.3 は，反応のエネルギー ΔE が反応物の安定化によって ΔE_1 となり，生成物の不安定化によって ΔE_2 となることを示している.

▶ 図 7.3
水和反応におけるエネルギー変化
出発物と生成物の安定性の影響.

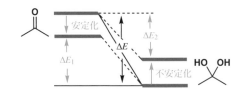

　水和反応 7.2 の平衡定数 K_h は，表 7.1 に示す例のようにアルデヒドとケトンの構造に強く依存する.

表 7.1　水和反応の K_h（25℃）

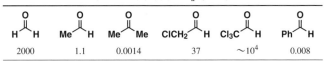

$\overset{O}{\underset{H}{\parallel}}{}_{H}$					
2000	1.1	0.0014	37	～10^4	0.008

$K_h = [R_2C(OH)_2]/[R_2C=O]$（溶媒 H_2O は K_h に含まれない）.

Check!
S_N1 反応では逆に sp^3 炭素から sp^2 炭素（カルボカチオン）になる過程で，立体ひずみの解消が反応の促進要因になることを指摘した（5.3.2 項, 図 5.1 参照）.

　メタナール（ホルムアルデヒド）は水に溶けてほとんど完全に水和され，エタナール（アセトアルデヒド）はほぼ 50% が水和されているが，プロパノン（アセトン）はほとんど水和されない. その要因の第一は，メチル基がカルボニル結合を安定化すること（反応物の安定化）であり，第二は，炭素が sp^2 混成から sp^3 混成に変化して結合角が小さくなり立体ひずみを増大させること（生成物の不安定化）である（図 7.4）.

▶ 図 7.4
混成変化による結合角の影響

Point
アルキル基の電子供与性は超共役によるところが大きいので，共役効果とみなすこともできる.

　電子効果を整理すると，アルキル基はカルボニル基に電子を供与するのでカルボニル化合物を安定化する. フェニル基は共役によってもっと強く安定化するので K_h を下げる. 一方，電子求引基 Cl による結合電子の偏りはカルボニル炭素の部分正電荷と反発するので，カルボニル基を不安定化し K_h を増大させる. ここでみた平衡定数に対するカルボニル化合物の構造の影響は，求核付加反応における反応性にもみられる.

反応性：　アルデヒド ＞ ケトン　　また　　$ClCH_2$ ＞ CH_3

7.3.2 反応機構

反応機構は，2.3 節で説明したように，塩基性条件では強力な塩基である HO^- が $C=O$ に直接付加するが，酸性条件ではプロトン化によって活性化されたカルボニル基に弱塩基である溶媒の H_2O が付加する．その概略は反応 7.3 のように表せる．いずれも水溶液中で触媒反応，すなわち塩基触媒反応あるいは酸触媒反応として進む．

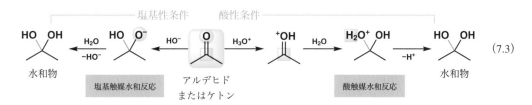

$$(7.3)$$

7.4 アルコールの付加

7.4.1 ヘミアセタールの生成

アルコール ROH のカルボニル基への付加も，H_2O と同じように塩基あるいは酸触媒反応として進む．付加物はヘミアセタールとよばれる（反応 7.4）．

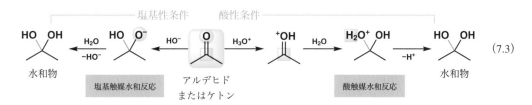

酸性条件における反応は式 7.5 のように進む．カルボニル酸素のプロトン化によって電子が引き出され，求核攻撃を助けている．アルコール中の酸は ROH_2^+ の形になっている．

Point

プロトン化によるカルボニル基の活性化（酸性度の増強）は電子引出し効果（プル：electron pull）ともよばれる．

$$(7.5)$$

問題 7.2

塩基性条件でアルデヒドとアルコールからヘミアセタールが生成する反応の機構を示せ．

7.4.2 アセタール化

酸性条件でアルコールが過剰にあると，反応はさらに進んでアセタールが生成する（アセタール化，反応 7.6）．

$$(7.6)$$

　　ヘミアセタールからアセタールが生成する過程は式 7.7 のように進む．全過程が可逆なので，アルコール中（アルコール大過剰）で反応し，最後に一気に中和して生成物を取り出す．

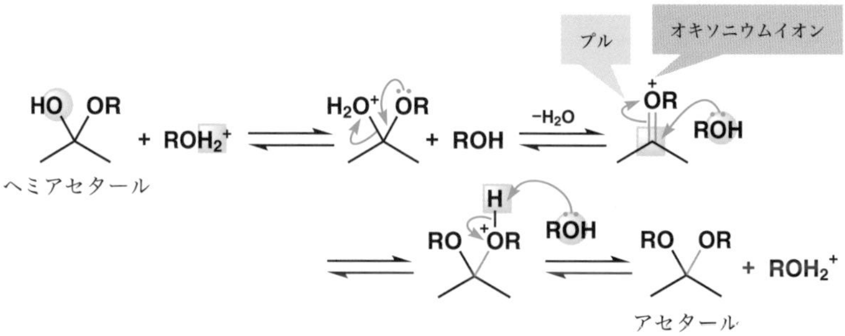

$$(7.7)$$

　　この反応機構の中で，プロトン化ヘミアセタールから生成したオキソニウムイオン中間体は，反応 7.5 の最初に生成するプロトン化カルボニルとよく似ている．このオキソニウムイオンに二つ目の ROH が付加してアセタールを生成する．

問題 7.3

反応 7.7 の各段階をブレンステッド酸塩基反応，ルイス酸塩基反応あるいはその逆反応に分類せよ．

問題 7.4

アセタールは塩基性条件では安定であるが，酸性水溶液中では加水分解される．アセタールの酸触媒加水分解の反応機構を書け．

問題 7.5

次のようなヒドロキシアルデヒドを酸性エタノールに溶かすと環状のアセタールが生成する．このアセタール化の反応機構を書け．

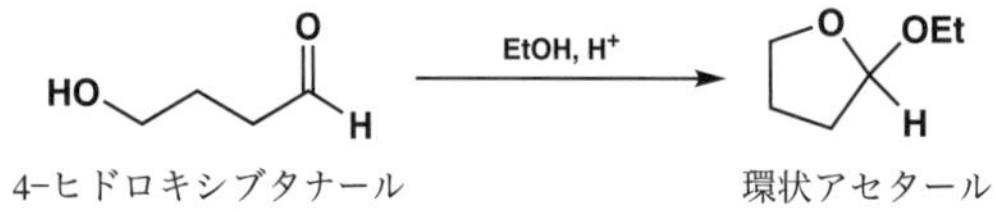

7.5　ヒドリド還元

　　カルボニル化合物がホウ素水素化物 $NaBH_4$ によってアルコールに還元されることを 2.4 節（反応 2.7）で述べた．この反応は σ 塩基であるヒドリドイオン H^- の求核付加になっており，ヒドリド還元とよばれる．

$$(7.8)$$

副生成物の $BH_3(OEt)^-$ は，ヒドリドとしてさらに3分子のカルボニル化合物を還元することができる.

NaBH$_4$ は温和な還元剤であり，カルボン酸誘導体の還元には使えない．もっと活性な水素化物として LiAlH$_4$ はカルボン酸誘導体も還元することができる.

7.6 アミンとの反応

アミンは塩基性（求核性）が高いのでカルボニル基に触媒なしで付加する．付加物は酸触媒により脱水してイミニウムイオンを生成する（反応7.9）.

$$(7.9)$$

アミンが第一級である場合にはイミニウムイオン中間体のNから脱プロトンしてイミンを生成し（反応7.10），第二級アミンから生成したイミニウムイオンの隣接炭素から脱プロトンできればエナミンを生成する（反応7.11）.

第一級アミンより：

$$(7.10)$$

第二級アミンより：

$$(7.11)$$

これらの反応過程でアミンが塩基として働くためには pH が高いほうがよいが，脱水過程では酸触媒が必要になるので，反応溶媒の pH は中性に近い領域が最適である.

7.7　α,β-不飽和カルボニル化合物の反応

α,β-不飽和カルボニル化合物はエノンともよばれ，カルボニル基と共役した C=C 二重結合をもつ．共役のために C=C 結合は電子不足となり酸として塩基（求核種）の攻撃を受ける．この反応は 3.7 節でみた求電子性アルケンの反応の一つとみることもできるが，エノンの反応には C=O 結合が直接関わっているのでここで説明する．

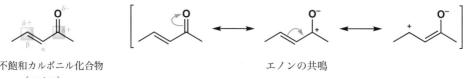

α,β-不飽和カルボニル化合物　　　　　　　　　　エノンの共鳴
（エノン）

上に示したようにエノンはカルボニル炭素だけでなく β 炭素も電子不足になっているので，塩基（求核種）はそのどちらかを攻撃する．カルボニル炭素を攻撃すると，この章の最初にみたような求核付加（カルボニル付加）になる（反応 7.12）．

カルボニル付加：

$$(7.12)$$

エノン　　　　　　　　　　　　　　　　　　　カルボニル付加物

一方，β 炭素を攻撃するとカルボニル基も関与して 1,4-付加の形で反応するが，（ケト化して）結果的に C=C 結合だけに付加した生成物を与える（反応 7.13）．この形式の反応は共役付加とよばれる．

共役付加：

$$(7.13)$$

エノン　　　　　　　　　　　　　　　　　　ケト化

共役付加物

共役付加とカルボニル付加は競争的に起こるが，カルボニル付加は可逆であることが多い．たとえば，シアン化物イオンの付加（反応 7.14）において，カルボニル付加によるシアノヒドリンの生成は可逆であるが，共役付加の逆反応は起こりにくいので，反応条件によって両者の比率は変化する．低温ではカルボニル付加が優先的に起こる（速度支配）が，温度を上げるとより安定な共役付加物が増えてくる（熱力学支配）．生成物中の C=O 結合が C=C 結合より強いため，共役付加物のほうがカルボニル付加物より安定である．

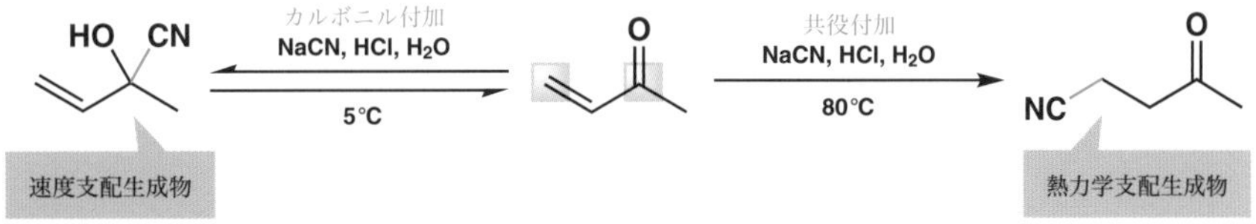

$$(7.14)$$

速度支配生成物   熱力学支配生成物

アルコールのような弱い塩基（求核種）の付加には，単純なカルボニル付加の場合（7.3 節と 7.4 節）と同じように，塩基または酸触媒が必要である．酸触媒共役付加は反応 7.15 のように起こる．

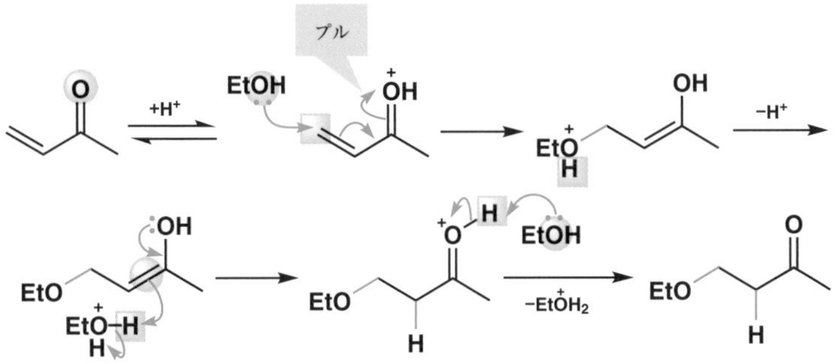

$$(7.15)$$

問題 7.6

反応 7.15 と同じアルコール付加が，塩基性条件においてどのように起こるか示せ．

7.8 エステルの加水分解

この章の導入部でも述べたように，カルボン酸誘導体は付加-脱離による求核置換反応で相互変換し，加水分解すればカルボン酸になる．加水分解も付加-脱離機構による求核置換反応として進む．カルボン酸誘導体の典型例はエステルであり，その加水分解からみていこう．

エステルの水溶液に塩基あるいは酸を加えると加水分解される（反応 7.16）．

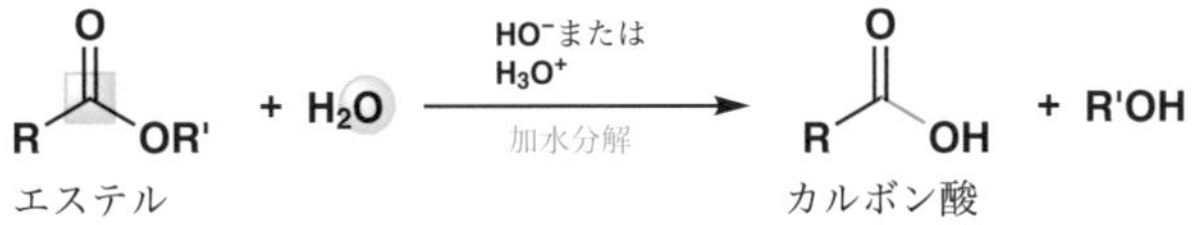

$$(7.16)$$

エステル   カルボン酸

7.8.1 塩基性条件における加水分解

付加-脱離機構による加水分解の第一段階は，カルボニル基への水和にほかならない．塩基性条件においては HO^- のカルボニル基への付加から始まる．付加中間体は四面体中間体とよばれ，付加-脱離機構の重要な中間体である．このアニオン形中間体からアルコキシドイオン RO^- が押し出されて生成物になる（式 7.17）．生成物はカルボン酸とアルコキシドイオンである

が，酸性度の違いから平衡が移動してカルボン酸イオンとアルコールの形になる．そのために塩基が消費されるので触媒反応にならない．そこで，エステルの塩基条件における加水分解は一般にアルカリ加水分解とよばれる．

$$(7.17)$$

この反応機構でもう一つ注意しておく必要がある．5章（5.2.3項）でアルコキシド RO^- やヒドロキシドイオン HO^- は脱離しにくい（非常に脱離能が小さい）ことを指摘したが，アニオン形の四面体中間体からは隣接の酸素アニオンによる電子押込み効果（プッシュ）があるために，RO^- が押し出され脱離が可能になっている．

7.8.2 酸触媒加水分解

酸性条件においては，式7.18に示すようにカルボニル基の酸触媒水和から加水分解が進む．酸はカルボニル酸素のプロトン化によってカルボニル基を活性化し，電子引出し効果（プル）で H_2O の付加を助けている．生成したプロトン化四面体中間体の中で H^+ がアルコキシ酸素のほうに移動すると，アルコールの脱離能が増して生成物に導かれる．最終的にプロトン移動で酸が再生されるのでこの加水分解は触媒反応になる．全反応は可逆である．

Point
最終段階で塩基として働くのは溶媒であろう．

$$(7.18)$$

問題 7.7
エステルの酸触媒加水分解の反応機構は式7.18のように5段階で表されている．各段階をブレンステッド酸塩基反応，ルイス酸塩基反応あるいは逆反応のいずれかに分類せよ．

7.8.3 四面体中間体の証明

エステル加水分解は，酸性条件でも塩基性条件でも，プロトン移動を考えなければ主要な化学変化は付加-脱離の二段階機構で進んでいる．そのことを証明するためには四面体中間体の存在を確かめればよいが，この中間体は

直接観測できるほどの濃度にはならない．そこで，同位体元素 ^{18}O で標識したエステルを用いる研究が行われた．カルボニル酸素を ^{18}O で標識した安息香酸エチルのアルカリ加水分解を行い，反応を途中で止めて未反応のエステルを調べると，カルボニル酸素が部分的に ^{18}O から ^{16}O に換わっていた（反応 7.19）．

反応 **7.19**　標識したエステルの加水分解と同位体交換

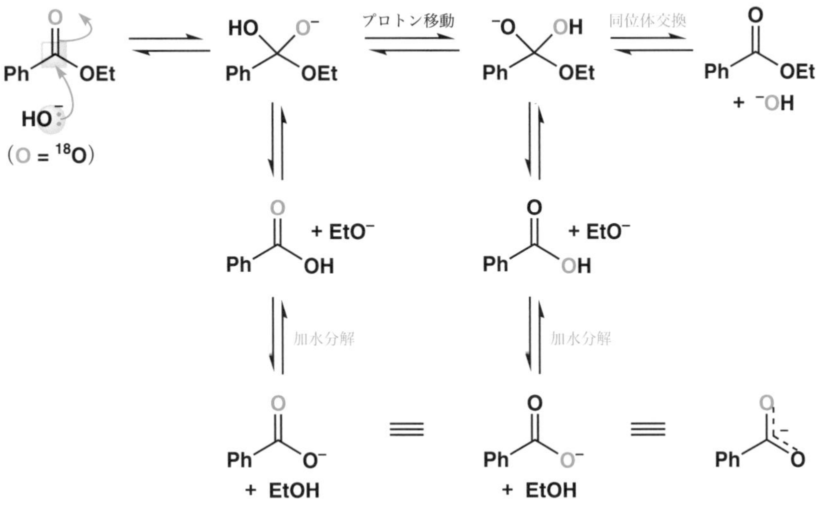

反応が 1 段階で進んでいるのであれば，未反応のエステルは元のままのはずである．二段階機構における四面体中間体において，プロトン移動が非常に速いので OH と O^- 基の O は区別できなくなる（反応 7.19）．したがって，エステルを再生する逆過程で ^{18}O が失われる可能性がある．すなわち，酸素同位体交換は四面体中間体を経由する二段階機構の有力な証拠になる．酸触媒反応でも同じことがいえる．反応 7.18 で四面体中間体の二つの OH が等価になっている．

問題 7.8

エステル加水分解における C—O 結合の切断は，アシル炭素側かアルコール炭素側か，どちらで起こるか．それを確認するためにはどのような実験を行ったらよいか．

7.9　エステルの生成と変換反応

7.9.1　エ ス テ ル 化

上述のように，エステルの酸触媒加水分解は可逆である．アルコール中にカルボン酸を溶かし，少量の強酸（H_2SO_4，HCl など）を加えると反応 7.18 の平衡はエステル生成に傾く（反応 7.20）．

Point

アルコール中の酸は ROH_2^+ の形になっている．平衡になったところで酸を中和すればエステルが取り出せる．酸触媒エステル化はフィッシャー（Fischer）エステル化ともいわれる．

$$R-\underset{\underset{OH}{|}}{\overset{\overset{O}{||}}{C}} + R'OH \underset{R'OH}{\overset{R'OH_2^+ 触媒}{\rightleftharpoons}} R-\underset{\underset{OR'}{|}}{\overset{\overset{O}{||}}{C}} + H_2O \qquad (7.20)$$

エステル

7.9.2 エステル交換

エステルをアルコールに溶かし，酸または塩基を加えると，アルコールの交換が起こる（反応 7.21）．この反応はエステル交換といわれる．

$$R-\underset{\underset{OR'}{|}}{\overset{\overset{O}{||}}{C}} + R''OH \underset{}{\overset{H^+ または R''O^-}{\rightleftharpoons}} R-\underset{\underset{OR''}{|}}{\overset{\overset{O}{||}}{C}} + R'OH \qquad (7.21)$$

問題 7.9

酸触媒エステル交換と酸触媒エステル化の反応機構はよく似ている．酸触媒エステル交換の反応機構を書け．

問題 7.10

エステル交換は塩基性条件でも起こるが，カルボン酸のエステル化が塩基性条件で起こらないのはなぜか．

> **Point**
>
> 第三級アミンも反応するが，生成物は正電荷をもつアンモニオ基の塩になる．単離することはむずかしいが，求核触媒反応の中間体になる（9.5.1 項参照）．カルボン酸とアミンを直接反応させるとアンモニウム塩になる．

7.9.3 アミンとの反応

エステルをアンモニアあるいはアミン（第一級と第二級）と反応させるとアミドが得られる．反応条件は塩基性になるので，付加–脱離機構の反応がスムーズに進む（反応 7.22）．

7.10 カルボン酸誘導体の相互変換

カルボン酸誘導体の付加–脱離機構をもう一度まとめて示すと反応 7.23 のように表せる．この二段階反応の律速段階を決めるのは，四面体中間体から Y と Nu のどちらが脱離しやすいかによる．すなわち，式 7.23 において二つの速度定数 k_2 と k_{-1} の小さいほうの段階が律速になる．下に示した Y, Nu は脱離しやすい順に並んでいる．

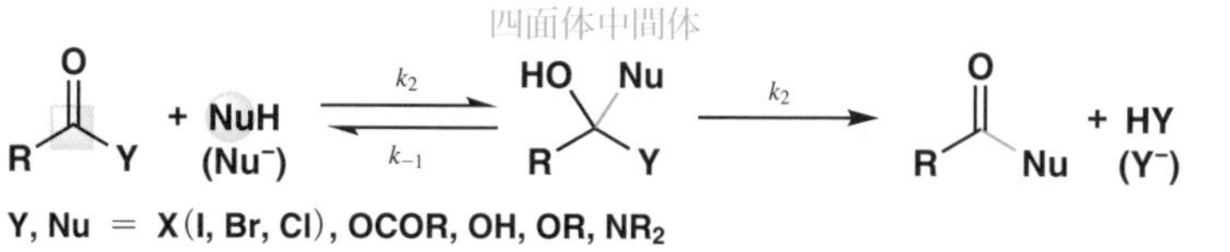

$$\underset{\substack{R \quad Y}}{\overset{O}{\|}} + \underset{(Nu^-)}{NuH} \underset{k_{-1}}{\overset{k_2}{\rightleftharpoons}} \underset{\substack{R \quad Y}}{\overset{HO \quad Nu}{|}} \overset{k_2}{\longrightarrow} \underset{\substack{R \quad Nu}}{\overset{O}{\|}} + \underset{(Y^-)}{HY} \qquad (7.23)$$

四面体中間体

Y, Nu = X(I, Br, Cl), OCOR, OH, OR, NR₂

7.10.1 カルボン酸誘導体の相対的反応性

　カルボン酸誘導体 RCOY は，Y が非共有電子対をもつので，次のような共鳴で表される．この共鳴において Y の電子供与性が大きく，三つ目の構造の共鳴寄与が大きいものほど，RCOY は安定でカルボニル基の求電子性が低く，反応性は低くなる．

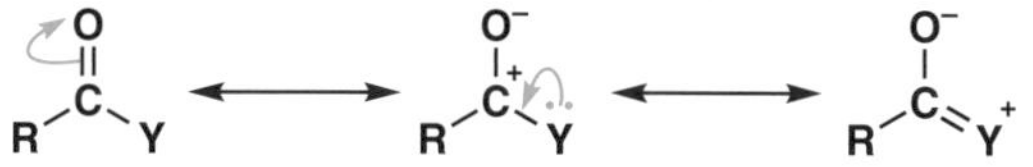

　Y の電子供与性は Y^- の塩基性に対応している．Y^- の塩基性は HY の pK_a 値によって，次のように整理でき，RCOY の反応性（求電子性：酸性）も予想できる．Y^- の脱離能は塩基性とは逆の序列になるので，RCOY の求電子性と同じ順になる．

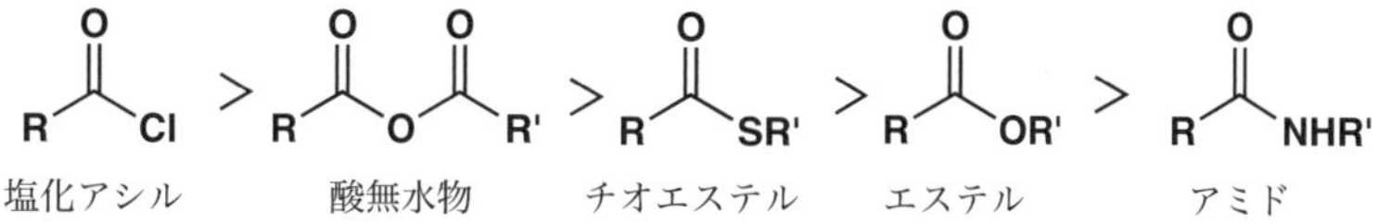

　カルボン酸誘導体の置換反応は求核付加–脱離の 2 段階で進むが，RCOY の求電子性は求核付加段階の反応性に対応し，Y^- の脱離能は脱離段階の反応性に対応する．この 2 段階の相対反応性の序列が同一であるということになる．

Check!

アルデヒドとケトンの反応性は 7.3.1 項でみた．エステルよりも高反応性であるが酸無水物には及ばない．

7.10.2 カルボン酸誘導体の相互変換

　カルボン酸誘導体の相対反応性は図 7.5 のようにまとめることができ，高反応性のものから低反応性のものに変換することができる．

　塩化アシルの反応性が最も高いので，有用な合成原料になるが，その合成には塩化チオニル $SOCl_2$ のような強い塩素化剤を用いる必要がある．カルボン酸イオンは最も反応性の低い誘導体とみなせる．反応性の低い誘導体から，単純な求核置換反応で反応性の高いものを合成することはできない．たとえば，エステルに Cl^- を反応させても塩化アシルが生成することはない．

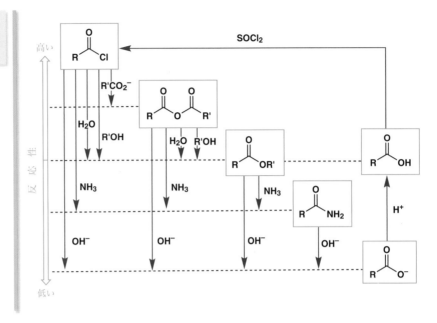

　反応性の低いアミドを他の誘導体に変換することはできない．アミドは酸性
あるいは塩基性水溶液で加熱すれば加水分解され，カルボン酸（イオン）と
アミンになる．

8 エノラートイオンとその等価体

7章でカルボニル化合物の求核付加反応と求核付加-脱離による置換反応について学んだ。一方，カルボニル基のα位水素が酸性を示すことは2章で炭素酸の例として取り上げた（2.7節）。カルボニル化合物の共役塩基であるカルボアニオンは共鳴で表すことができ，エノラートイオンとよばれる。エノラートイオンはエノールの共役塩基であることを意味し，エノールはカルボニル化合物の構造異性体である。

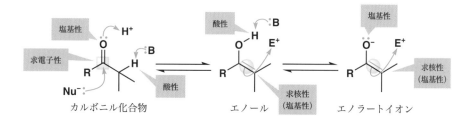

カルボニル化合物がおもにルイス酸（求電子種）として反応するのに対して，エノールはπ塩基（求核種）として反応する。これらの化学種の酸・塩基の性質は次の反応式に示すように多彩である。

> **Point**
> カルボニル化合物の共役塩基であるカルボアニオンがエノラートイオンとよばれるのは，共鳴においてエノラート形のほうがより重要な寄与式だからである。

この章ではエノラートイオンとエノール，そしてその等価体（等電子体）の反応について解説する。アルデヒドとケトンのエノラートイオンだけでなく，エステルのエノラートイオンの反応についても調べる。

> **Point**
> 電子状態が同じであるものを等電子的であるといい，そのうち反応性も似ているものを等価体という。エノラートイオンとアリルアニオンは等電子的であるが，反応性が異なるので等価体とはいえない（2.7節）。

8.1　エ ノ ー ル 化

　カルボニル化合物から構造異性体のエノールが生成する反応をエノール化という．この反応は酸触媒あるいは塩基触媒によって2段階で進行する．各段階はプロトン移動を含み，ブレンステッド酸塩基反応として起こっている．

8.1.1　反 応 機 構

Point
塩基が弱塩基ならば触媒反応になるが，HO⁻のように塩基性がエノラートイオンよりも高い場合には，平衡がエノールに偏らず塩基が消費されるので触媒反応にはならない．

　塩基によりアルデヒドやケトンからα水素を引き抜くとエノラートイオン（単にエノラートともいう）になる．塩基触媒エノール化の反応機構は式8.1のように書ける．

塩基触媒エノール化：

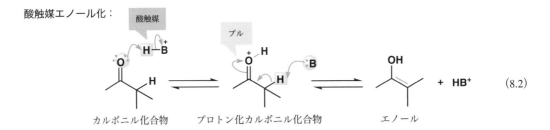

$$\text{カルボニル化合物} \quad\rightleftharpoons\quad \text{エノラートイオン} \quad\rightleftharpoons\quad \text{エノール} \quad + \text{:B} \qquad (8.1)$$

　エノール化は酸触媒によっても進む．酸触媒エノール化の反応機構は式8.2のように書ける．O-プロトン化によりαHの酸性度が増強され，脱プロトンされやすくなる．

酸触媒エノール化：

$$\text{カルボニル化合物} \quad\rightleftharpoons\quad \text{プロトン化カルボニル化合物} \quad\rightleftharpoons\quad \text{エノール} \quad + \text{HB}^+ \qquad (8.2)$$

8.1.2　平 衡 定 数

Check!
ケト形とエノール形の異性関係を互変異性という．

　エノールはケトン（あるいはアルデヒド）の構造異性体であるが，とくに互変異性体とよばれる．エノール化はケト-エノール互変異性化（反応8.3）ともいわれ，二つの異性体はケト形とエノール形とよばれる．反応8.3の平衡定数 K_E（＝［エノール形］/［ケト形］）のいくつかを表8.1にまとめる．

ケト-エノール互変異性化：

$$\text{ケト形} \quad\overset{K_E}{\rightleftharpoons}\quad \text{エノール形} \qquad (8.3)$$

表 8.1 ケト-エノール互変異性化の平衡定数（25℃）

ケト形	エノール形	K_E
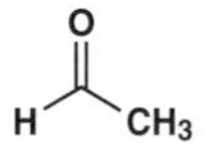	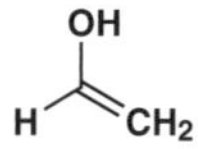	5.9×10^{-7}
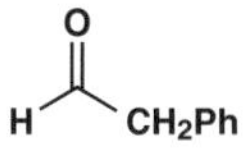	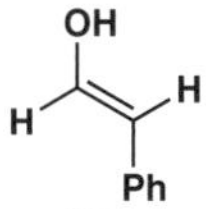	8.5×10^{-4}
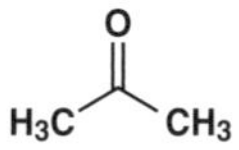	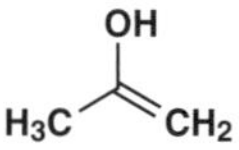	4.7×10^{-9}
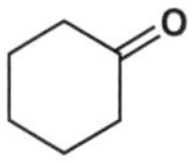	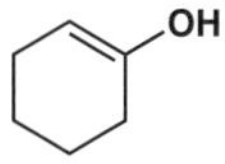	4.1×10^{-7}
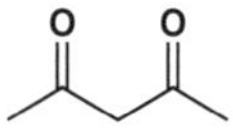	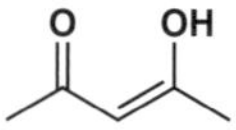	0.15

問題 8.1

1-フェニルプロパノンから生成するおもなエノールの構造を示せ．K_E はプロパノンよりも大きいだろうか，理由をつけて答えよ．

問題 8.2

プロパノンの α 水素の pK_a 19.3 と log K_E ＝ － 8.33 から，プロパノンのエノールの pK_a を計算せよ．

8.2 エノールとエノラートの π 塩基としての反応

エノールとエノラートイオンは塩基性の強いアルケン（π 塩基）とみなせ，求電子付加を受ける．最も単純な求電子付加であるプロトン化は，エノール化の逆反応，すなわちケト化にほかならない．

8.2.1 ケト化に伴う反応

単純なケト化だけでは，目に見える変換は起こらないが，反応基質や反応条件を選ぶと化学変化が観測される．

a. 重水素交換　エノール化反応を重水素溶媒（D$_2$O）中で行うと，カルボニル化合物の αH が D に置き換わる．塩基触媒と酸触媒による重水素交換は反応 8.4 と反応 8.5 のように起こる．α 位に H が複数ある場合，長時間反応させるとすべての αH が D に置き換わる．

塩基触媒重水素交換：

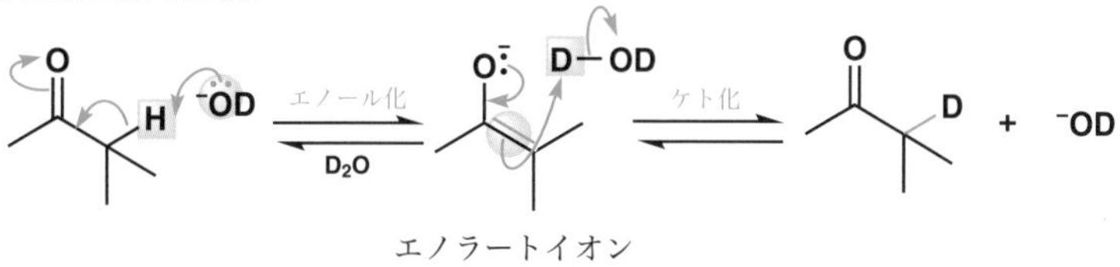

（8.4）

エノラートイオン

酸触媒重水素交換：

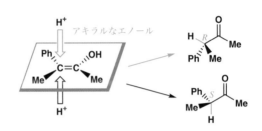

(8.5)

b. ラセミ化　α位に水素をもつキラル中心があれば，光学活性カルボニル化合物はエノール化を経てラセミ化する．中間体のエノール（またはエノラート）がアキラルなので，ケト化の過程でプロトン化が中間体の分子面のどちらからでも起こるからである（図8.1）．

▶ 図 8.1
エノールのプロトン化によるエナンチオマーの生成

c. 異性化　β,γ-不飽和カルボニル化合物は，酸あるいは塩基によってα,β-不飽和カルボニル化合物（エノン）に異性化する．すなわち，エノール化によって安定な共役エノンになる．塩基触媒による異性化のようすを反応8.6に示す．

塩基触媒異性化：

(8.6)

問題 8.3
反応8.6の不飽和ケトンが酸触媒 H_3O^+ によって異性化する反応がどのように進むか反応式で示せ．

8.2.2　α-ハロゲン化

エノールまたはエノラートにハロゲンが付加すると，カルボニル化合物のα-ハロゲン化になる（反応8.7）．この反応は酸と塩基によって促進される．

(8.7)
(X = Cl, Br, I)

酸は触媒となり，反応は式 8.8 のように進む.

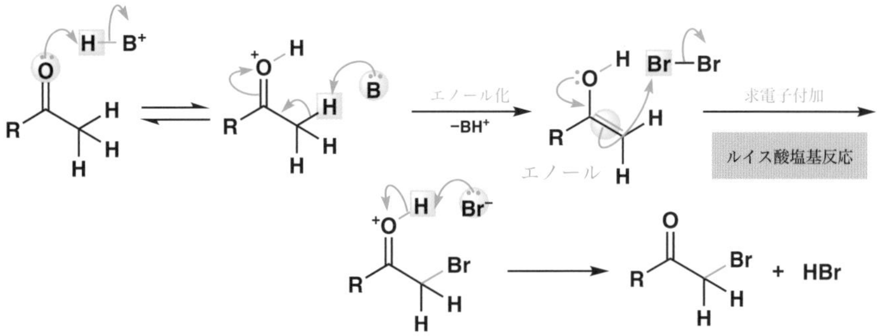

$$(8.8)$$

8.2.3 塩基促進ハロゲン化とハロホルム反応

　塩基性条件では副生物の HX の酸性が強いので触媒反応にならない（反応
8.9）．しかも，この条件では生成したハロケトンは，X の電子求引性のため
に酸性（求電子性）が強くなり塩基の攻撃を受けやすくなる．そのため，さ
らにエノラートイオンを生成し，二つ目，三つ目のハロゲン化が進行しやす
い（反応 8.10）．トリハロケトンが生成すると，（CX$_3$ 基の電子求引性のた
め）カルボニル基への求核攻撃を受けやすくなり，カルボン酸誘導体のよう
に CX$_3^-$ が脱離してカルボン酸を生成する（反応 8.11）．CX$_3^-$ はプロトン化
されてハロホルムになるので，この全反応はハロホルム反応とよばれる.

Point

ハロホルム反応はメチルケトンの特
徴的な反応であり，カルボン酸の合
成にも応用できる．$CH_3CH(OH)R$
のようなメチル基をもつアルコール
も，反応溶液中で酸化されてメチル
ケトンになり，ハロホルム反応を起
こす.

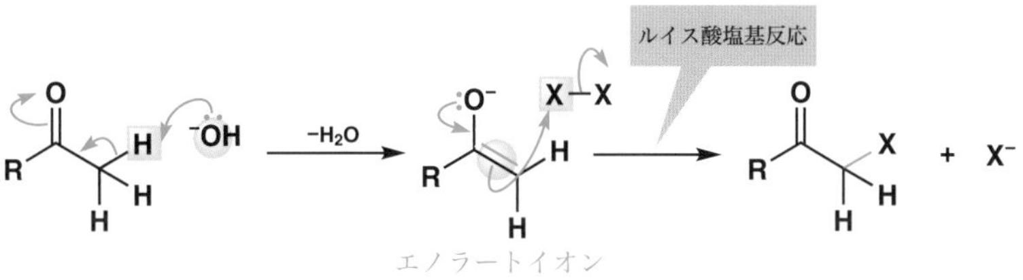

$$(8.9)$$

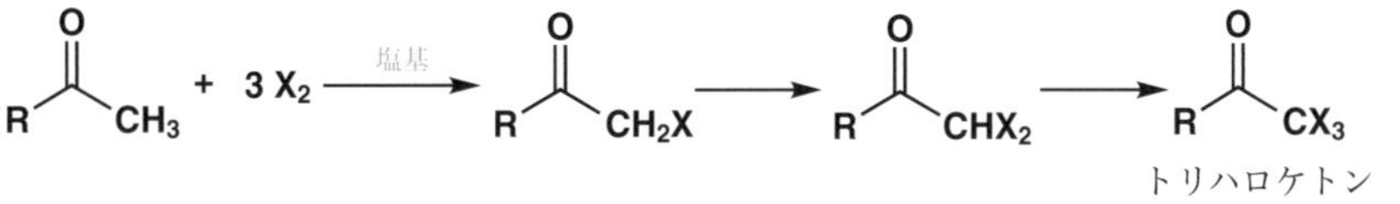

$$(8.10)$$

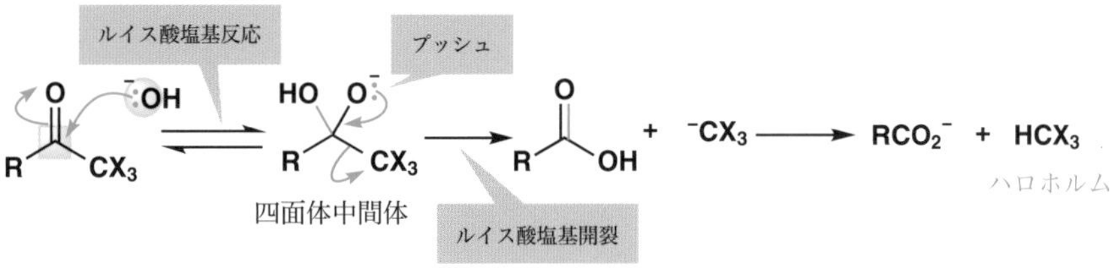

$$(8.11)$$

8.3 アルドール反応

エノラートイオンは π 塩基（求核種）としてカルボニル基に付加することもできる．たとえば，アルデヒドにごく少量の NaOH を加えると，生じたエノラートがカルボニル基に付加して新しい C—C 結合を形成し，β-ヒドロキシアルデヒドを生成する（反応 8.12）．この生成物はアルドール（aldol ＝ ald ＋ ol）と総称され，反応はアルドール反応とよばれる．

アルドール反応:

$$\tag{8.12}$$

8.3.1 反応機構と脱水反応

アルドール反応の機構は式 8.12a のように書ける．新しい C—C 結合は，一方のアルデヒドの α 炭素ともう一方のカルボニル炭素の間に形成される．

$$\tag{8.12a}$$

塩基触媒を多めに加えて加熱するとアルドールの脱水が起こる．この反応は，エノラートイオン中間体を経て E1cB 脱離機構（6.3 節）で進む（反応 8.13）．

アルドール脱水（E1cB 機構）:

$$\tag{8.13}$$

α,β-不飽和カルボニル化合物

アルドール反応は酸性条件でも進むが，この条件では脱水生成物を与える（反応 8.14）．酸触媒脱水反応は E1 機構で進みやすい（6.4 節）．

酸触媒アルドール反応：

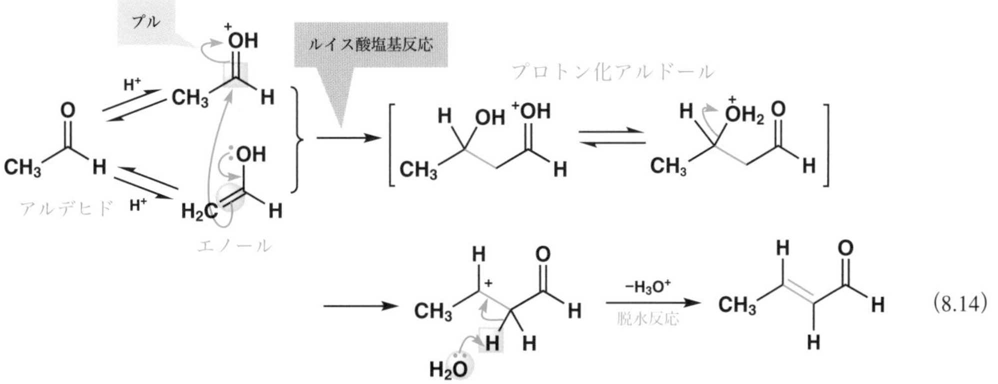

ブル

ルイス酸塩基反応

プロトン化アルドール

H⁺　CH₃

アルデヒド　H⁺　H₂C

エノール

−H₃O⁺
脱水反応

(8.14)

H₂O

問題 8.4

ブタナールから生成するアルドールの構造を書け.

8.3.2　ケトンのアルドール反応

ケトンのアルドール反応は，生成物がアルキル基どうしの立体反発（立体
ひずみ）のために不安定で，逆アルドール反応を起こしやすいので平衡が生
成物に偏らない（反応 8.15）.

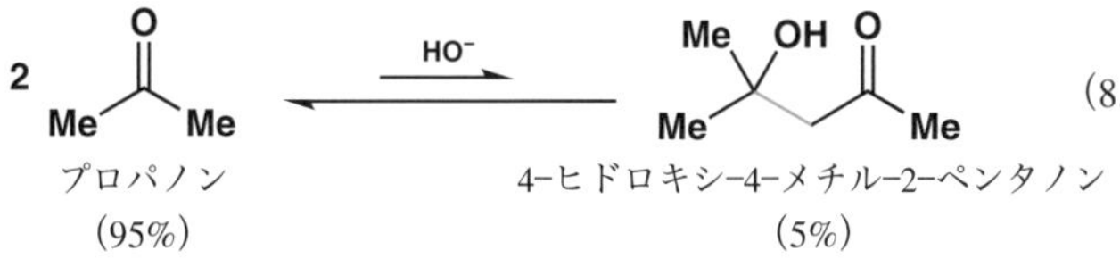

2　Me　Me

HO⁻

Me OH O
Me　　　Me

(8.15)

プロパノン
（95%）

4-ヒドロキシ-4-メチル-2-ペンタノン
（5%）

酸触媒アルドール反応では上述のように脱水生成物を与えるので，立体ひ
ずみは解消される（反応 8.14 参照）.

問題 8.5

プロパノンのアルドールについて HO⁻触媒による逆アルドール反応の機構を書け.

8.3.3　交差アルドール反応

2 種類のカルボニル化合物を塩基性条件で反応すると最大 4 種類の生成物
（2 種類の自己反応生成物と 2 種類の交差アルドール反応生成物）ができる.
1 成分としてα水素のないアルデヒドを使えば事情はかなり単純になる. α
水素をもたないアルデヒドにはメタナールやベンズアルデヒドなどがある.
たとえば，プロパノンとベンズアルデヒドの反応では，脱水した交差生成物
が効率よく生成する. プロパノンの自己反応生成物ができにくいことに加え
て，交差生成物が脱水して共役安定化するためである（反応 8.16）.

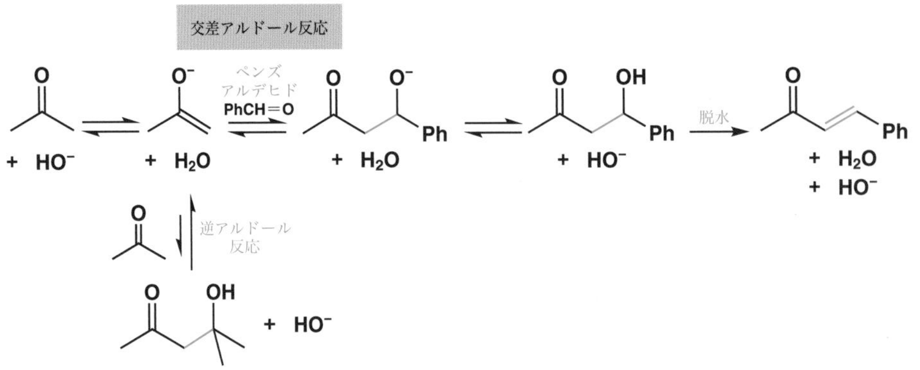

(8.16)

問題 8.6

エタナールとプロパナールの混合物から生成する4種類のアルドールの構造を示せ．

問題 8.7

メタナールとフェニルエタナールの交差アルドール反応の機構を書け．

8.4　クライゼン縮合

エノラートイオンが求核種（塩基）としてエステルと反応し，求核付加-脱離（7.8節）を起こすとβ-ケトエステルが生成する．この反応をクライゼン（Claisen）縮合という．代表的な反応はエタン酸エチルの反応である（反応8.17）．

クライゼン縮合：

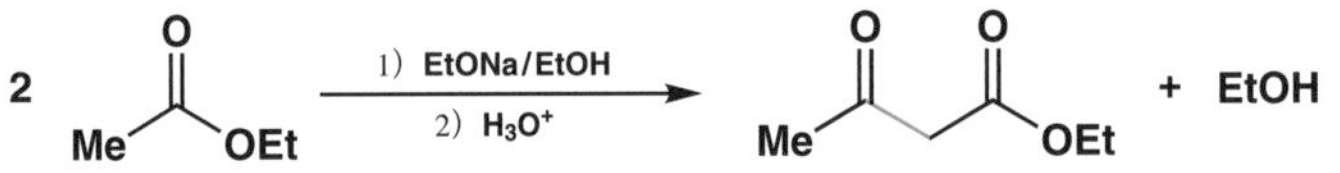

(8.17)

エタン酸エチル（酢酸エチル）　→　3-オキソブタン酸エチル（アセト酢酸エチル）

8.4.1　反応機構

Point
エステルは塩基性条件でアルコールとエステル交換を起こすので，反応溶媒としてはエステルのアルコキシ基と同じアルコールを用いる．

エステルを塩基性エタノール（EtONa/EtOH）に溶かすと，まずエノラートが生成し，もう1分子のエステルに付加して四面体中間体をつくる．次いでエトキシドイオンが追い出されるとβ-ケトエステルが生成する（式8.17a）．

この反応は全過程が可逆であるが，生成物のβ-ケトエステルの酸性度（pK_a ～11）が高いので，反応条件の塩基性では最後の酸塩基平衡がエノラートイオンに偏っている．したがって，反応に用いるアルコキシドは1当量以上必要になる．反応終了後に酸で処理すると生成物がβ-ケトエステルとして得られる．

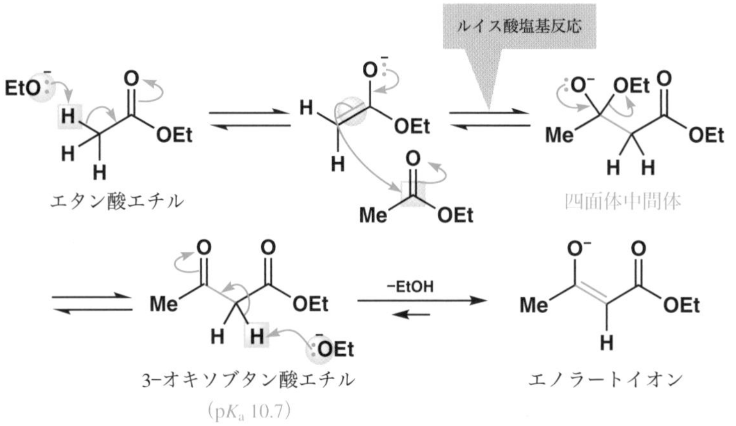

エタン酸エチル　　　　　　　　　　　　　　　　　　　四面体中間体

ルイス酸塩基反応

$$(8.17a)$$

3-オキソブタン酸エチル　　　　　エノラートイオン
（pK_a 10.7）

問題 8.8

3-オキソ-2,2-ジメチルブタン酸エチルを EtONa/EtOH 溶液中で反応させると，C—C 結合開裂を起こす．この反応の機構を書け．3-オキソブタン酸エチルを同じように反応させるとどうなるか．

8.4.2　分子内および交差クライゼン縮合

Check!
この分子内クライゼン縮合はディークマン（Dieckmann）縮合とよばれる．

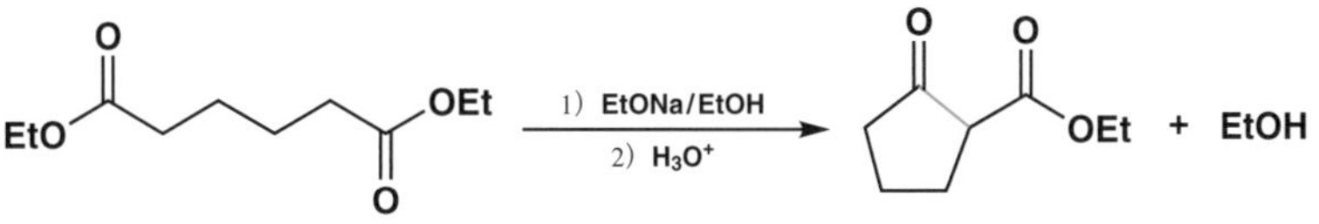

　ジエステルは分子内で環をつくることができれば縮合反応を起こす．五員環あるいは六員環を形成する反応はとくに効率よく進む（反応8.18）．

$$(8.18)$$

問題 8.9

反応 8.18 の反応機構を書け．

　交差クライゼン縮合にも交差アルドール反応と同じような問題が生じる．1成分をα水素のないエステルにして，もう1成分の自己縮合を避ける工夫をすればうまく反応できる．そのために，α水素のないエステルを大過剰に用い，もう一方のエステルをゆっくりと加えて生成したエノラートがただちに反応するようにする（反応8.19）．

Point
この手法によりエノラートの前駆体となるエステルの濃度が低く保たれる．

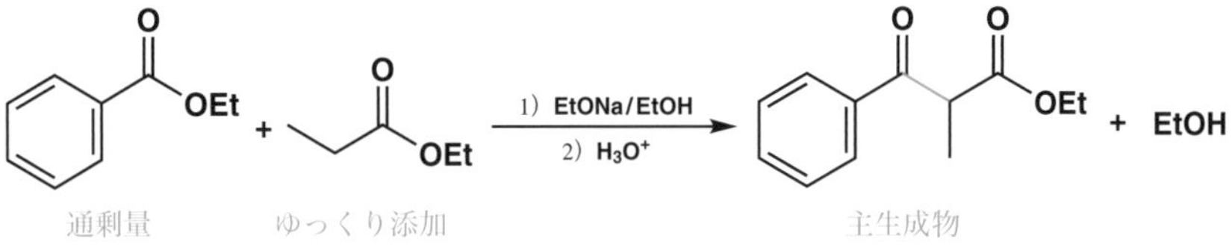

通剰量　　ゆっくり添加　　　　　　　　　　主生成物

$$(8.19)$$

　ケトンとエステルの反応では，酸性が強いケトンからエノラートが生成しエステルと反応する．ケトンどうしのアルドール反応は逆アルドール反応が起こりやすいために進まず，クライゼン型の反応が主反応になる．生成物は

1,3-ジケトンである（反応 8.20）.

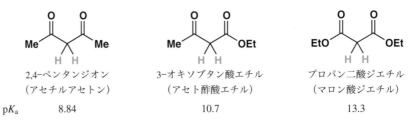

EtOH (8.20)

1,3-ジケトン

問題 8.10

反応 8.20 の反応機構を書け.

8.5 1,3-ジカルボニル化合物

8.5.1 酸 性 度

　1,3-ジカルボニル化合物の二つのカルボニル基にはさまれた位置の水素は酸性が強く（$pK_a < 14$），安定なエノラートイオンを生成する．この酸性度はエノラートイオンの非局在化による安定性を反映している.

2,4-ペンタンジオン（アセチルアセトン）	3-オキソブタン酸エチル（アセト酢酸エチル）	プロパン二酸ジエチル（マロン酸ジエチル）
pK_a　8.84	10.7	13.3

問題 8.11

3-オキソブタン酸エチルから生成したエノラートイオンを共鳴で表し，最も重要な共鳴寄与式はどれか説明せよ.

　1,3-ジカルボニル化合物と同じように二つの電子求引基ではさまれたメチレン（CH_2）基をもつ化合物も高い酸性度を示すので，まとめて活性メチレン化合物とよばれる.

活性メチレン化合物：

$NC\frown CO_2Et$	$NC\frown CN$	$O_2N\frown CO_2Et$	$O_2N\frown NO_2$
pK_a　〜9	〜11.2	〜5.8	〜3.6

8.5.2 エノラートの反応における問題点

　これまでエノラートイオン（あるいはエノール）が求核種（塩基）として求電子種（酸）と反応する例をみてきたが，いずれも反応相手の求電子種の存在下にエノラートを発生させて反応を進めている．エノラートは溶液中で平衡的に生成し，一定量以上生成することはないが，求電子種で捕捉されると平衡がずれて反応が進む．エノラートの前駆体となるカルボニル化合物（あるいはエステル）以外の別の求電子種と反応させるためにはどうしたら

よいのか？ 求電子性（反応性）がカルボニル基よりも十分高くなければ，別の求電子種と反応させることはむずかしい．たとえば，アルキル化（S_N2 反応）しようと考えて，ハロアルカン共存下にエノラートを発生させてもアルドール反応が進み，ハロアルカンは HO^- や RO^- と反応してしまうだろう．

　一方，共役安定化されたエノラートは，平衡的にほぼ 100 ％まで生成させることができる（8.5.1 項）．こうしてつくったエノラート溶液に，あとから別の求電子種を加えて反応させることが可能になる．余分の電子求引基が合成目的の邪魔になる場合，エステル基ならば加水分解して脱炭酸すれば取り除くこともできる（反応 8.22 参照）．しかし，あとで述べるリチウムエノラート（8.6 節）やエノラート等価体（8.7 節）を使うことによって，この問題は解決できる．

8.5.3　β-ケトエステルのアルキル化と脱炭酸

　1,3-ジカルボニル化合物から生成したエノラートイオンは，アルドール反応やクライゼン縮合を起こさないが，ハロアルカン RX とは S_N2 反応を起こす．結果は，1,3-ジカルボニル化合物のアルキル化になる（反応 8.21）．

Check!

β-ケトエステルは 1,3-ジカルボニル化合物の一つである．

$$(8.21)$$

この反応の特徴は以下の通りである．

- ・ 反応は RX 存在下に塩基を加えてもよいし，エノラートが生成してから RX を加えてもよい．
- ・ α 水素が 2 個ある場合には，アルキル化を段階的に行えば二つの異なるアルキル基を導入することもできる．
- ・ 反応は S_N2 機構で進むので第三級アルキル RX は反応しない．
- ・ 一つのカルボニル基がエステルになっていると，加水分解，脱炭酸によってこの官能基を取り除くことができる（反応 8.22）．

$$(8.22)$$

問題 8.12

塩基性エタノール中で1,4-ジブロモブタンをプロパン二酸ジエチル（マロン酸ジエチル）と反応させて，加水分解，脱炭酸したときに得られる生成物は何か．反応式を書いて答えよ．

8.5.4 エノンへの共役付加

Check!
この反応はマイケル（Michael）反応とよばれている．

エノラートイオン，とくに1,3-ジカルボニル化合物のエノラートイオンはエノンに共役付加する．その一例を反応8.23に示す．生成物に（エノラートからきた）エステル基がある場合には，加水分解し，加熱して脱炭酸すると1,5-ジカルボニル化合物になる．

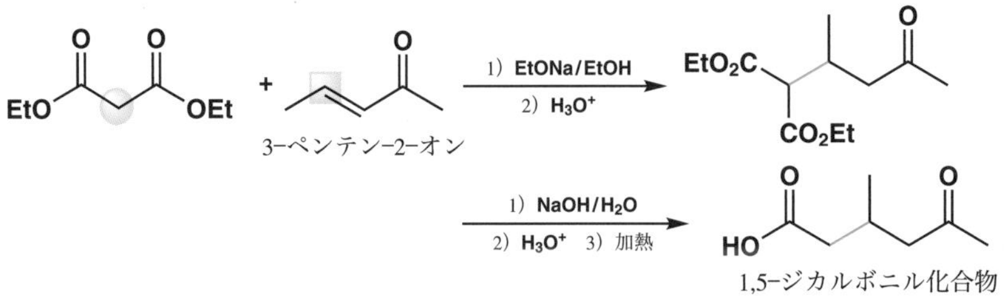
EtO
OEt
3-ペンテン-2-オン
1）EtONa/EtOH
2）H3O+
EtO2C
CO2Et
1）NaOH/H2O
2）H3O+ 3）加熱
HO
1,5-ジカルボニル化合物

(8.23)

問題 8.13

反応8.23の反応機構を書け．

エノラートの共役付加に続いて分子内アルドール反応を起こすと，C—C結合形成が2回起こり，環化生成物が得られる（反応8.24）．このような環化反応はロビンソン（Robinson）環化とよばれる．

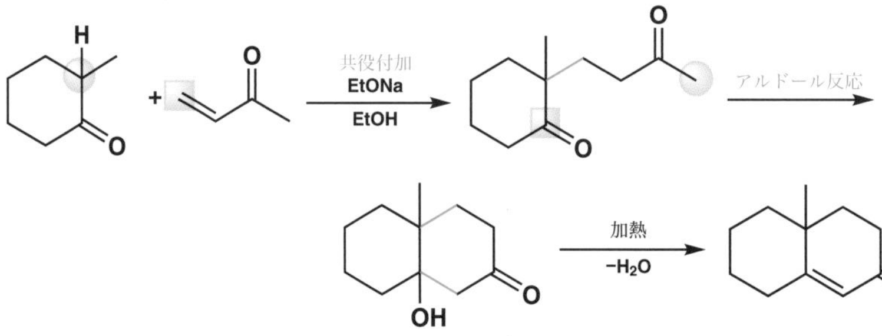
共役付加
EtONa
EtOH
アルドール反応
OH
加熱
−H2O

(8.24)

問題 8.14

次の反応がどう進むか反応式で示せ．

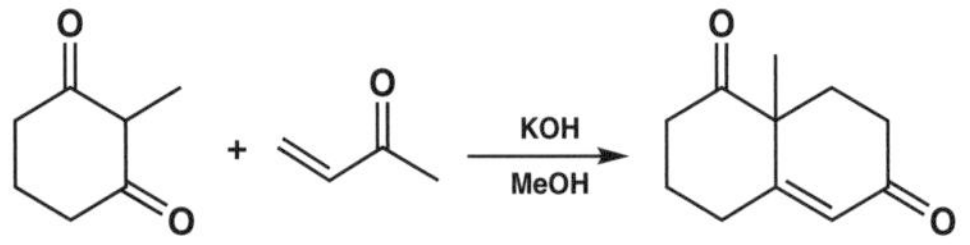
KOH
MeOH

8.6 リチウムエノラートの反応

単純なケトンは，塩基性条件でエノール化すると共存するケトンとアル

ドール反応を起こす．これを避けるためには，アルドール反応が容易に起こらないような低温で，非プロトン性溶媒中，立体障害の大きい強塩基を用いて完全にエノラートに変換してから，別の求電子種と反応させればよい．よく使われるのは，エーテル溶媒中のリチウムジイソプロピルアミド（LDA）である．生成したエノラートは，Liが結合しているので，リチウムエノラートとよばれる（反応8.25）.

$$(8.25)$$

こうして調製したリチウムエノラート溶液に別のケトンを加えれば交差アルドール反応を達成できるし，ハロアルカンでアルキル化（S_N2反応）することもできる．

8.7　エノラート等価体の反応

エノラートイオンと等電子的でカルボニル化合物から誘導されたエナミンやエノールエーテルをエノラート等価体という．これらも求核的であり，求電子種と反応させたあと加水分解してカルボニル化合物に戻すことができるので，強塩基を使わないでエノラートと同じような反応を行うことができる．

Check!
エノラート等価体はエノール等価体といってもよい．

8.7.1　エナミン

エナミンはα水素をもつカルボニル化合物と第二級アミンの反応で生成する電子豊富な（π塩基性の高い）アルケンである（7.6節）．このエノラート等価体は，反応性の高いハロアルカンRXによってアルキル化できる（反応8.26）．アルキル化はS_N2機構で進むが，単純な第一級RXはN-アルキル化を起こす．

$$(8.26)$$

また，エナミンを適当なアルデヒドと反応させて加水分解すれば，交差アルドール生成物が得られる（反応8.27）.

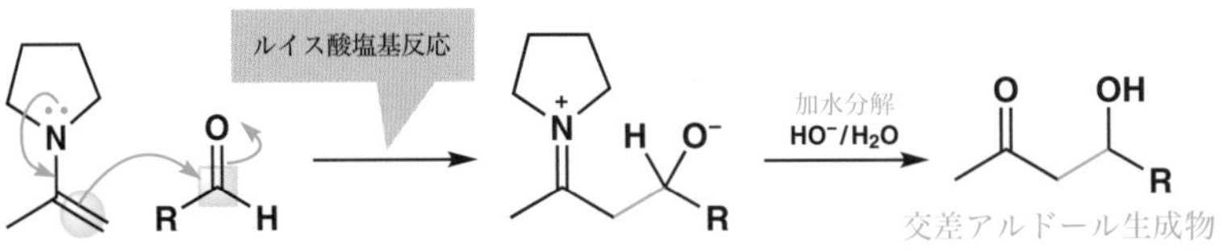

(8.27)

交差アルドール生成物

問題 8.15

エナミンはエノンと反応して共役付加物を与える．次の反応で得られる付加物とそれを加水分解して得られる生成物の構造を示せ．

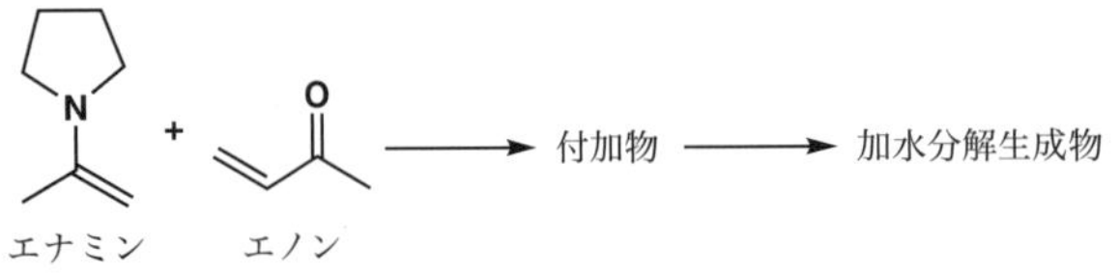

エナミン　　エノン　　　　　　付加物　　　加水分解生成物

8.7.2　エノールシリルエーテル

エノールシリルエーテルは通常のエノールエーテルよりも求核性（π塩基性）が高いが，エナミンに比べれば反応性（π塩基性）は低い．反応を進めるためには強力なアルキル化剤が必要である．$TiCl_4$ や $SnCl_4$ のようなルイス酸を用いて第三級ハロアルカンを反応させれば，カルボカチオンを求電子種（酸）とするアルキル化が起こる（反応 8.28）．

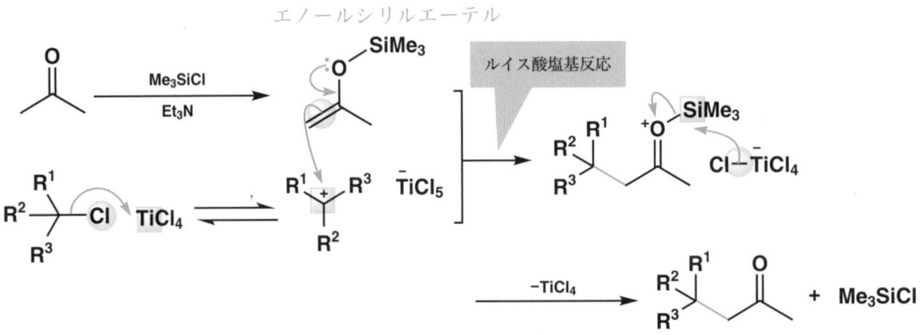

(8.28)

エノールシリルエーテルはルイス酸触媒を用いればアルデヒドやケトンとも反応する．生成物は加水分解すれば交差アルドールになる（反応 8.29）．

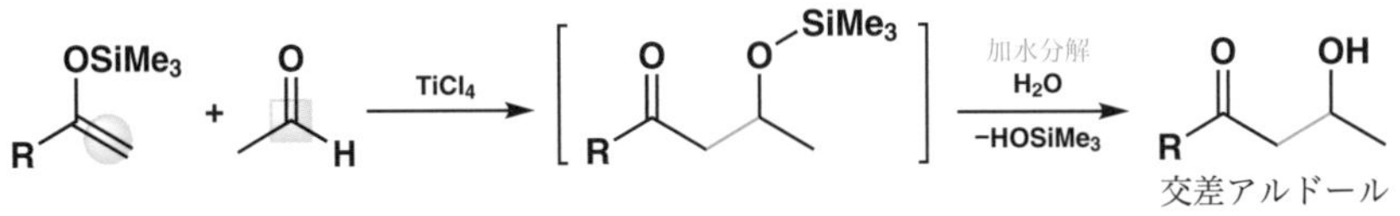

(8.29)

交差アルドール

問題 8.16

反応 8.29 の反応機構を書け．

9 # 酸・塩基触媒反応

有機極性反応には酸・塩基によって促進され，触媒反応として進むものも少なくない．生体における酵素触媒も酸・塩基触媒にほかならず，その理解は酸・塩基触媒反応の研究に基づいている．最近発展してきた有機分子触媒も酸塩基反応と酵素反応の理解に基づいている．

この章では，酸・塩基触媒反応の考え方を整理し，生体反応や有機分子触媒の例についても言及する．酸塩基反応と有機極性反応の基本的な見方については 2 章で述べた．とくに断らない限り水溶液中の反応を考える．

9.1　プロトン移動の速さと触媒反応の機構

9.1.1　プロトン移動の速度

水溶液中における酸・塩基触媒反応にはブレンステッド酸・塩基が関わり，プロトン移動が重要な役割を果たしている．ここで起こるプロトン移動は一般的に非常に速いが，その反応速度が反応機構に関係している．そこで，水溶液中における酸解離反応 9.1 におけるプロトン移動の反応速度定数の例を表 9.1 にまとめる．正方向の反応は，HA から溶媒の H_2O へのプロトン移動であり，速度定数 k_f は擬一次速度定数で表される．逆反応の H_3O^+ から弱酸の共役塩基 A^- へのプロトン移動は拡散律速で起こっている．

Point

溶媒分子との反応は，熱力学の定義により溶媒の活量が 1.0 であるために，見掛け上の一次反応になっている．その速度定数を擬一次速度定数という．拡散律速の反応では，二つの反応種が出合うと，そのままエネルギー障壁なく反応を起こす．二次速度定数は $10^{10} \sim 10^{11} \, mol^{-1} \, dm^3 \, s^{-1}$ となる．一般に強酸から弱酸を生成するような（熱力学的に有利な）プロトン移動は拡散律速になる．

$$HA \;+\; H_2O \;\underset{k_r}{\overset{k_f}{\rightleftharpoons}}\; A^- \;+\; H_3O^+ \tag{9.1}$$

表 9.1　**酸解離反応 9.1 におけるプロトン移動の速度定数[a]**

No.	HA		pK_a	k_f / s^{-1}	$k_r / mol^{-1} \, dm^3 \, s^{-1}$
1	H_2O		15.7	42.5×10^{-5}	1.4×10^{11}
2	H_3O^+		-1.7	1×10^{10}	1×10^{10} (s^{-1})
3	HF		3.17	7.0×10^7	1.0×10^{11}
4	$MeCO_2H$		4.76		4.5×10^{10}
5[b]	$ImdH^+$		6.99	1.8×10^3	1.5×10^{10}
6	NH_4^+		9.24	25	4.3×10^{10}
7[c]	$NH_4^+ + HO^-$	$\rightleftharpoons$ $NH_3 + H_2O$		3.4×10^{10}	6.5×10^5

[a] 25℃.　[b] Imd はイミダゾール.　[c] 20℃における HO^- を塩基とする反応.

イミダゾール

（imidazole：Imd）

　以上のように，ヘテロ原子間のプロトン移動は一般的に非常に速いが，炭素原子を含むプロトン移動はかなり遅い．たとえば，8章でみたエタナールの HO^- によるエノール化（反応9.2）の二次速度定数は $1.17\ mol^{-1}\ dm^3\ s^{-1}$ にすぎない．

$$
\text{エタナール} \quad + \quad HO^- \quad \xrightarrow[8.8\times10^2\ s^{-1}]{\substack{\text{プロトン移動}\\ 1.17\ mol^{-1}\ dm^3\ s^{-1}}} \quad \text{エノラートイオン} \quad + \quad H_2O \tag{9.2}
$$

9.1.2　特異酸触媒と一般酸触媒

　前の章でみたアルコールやカルボニル化合物の酸触媒反応では，酸による O-プロトン化で反応基質が活性化されてから，C—O 結合切断や求核付加の主要な化学変化が起こると考えた．すなわち，非常に速いヘテロ原子間のプロトン移動平衡が達成されてから律速的な化学変化が進む．この二段階反応機構は一般式として反応9.3aと反応9.3bで表される．

$$
S \quad + \quad HA \quad \overset{K_1}{\rightleftharpoons} \quad SH^+ \quad + \quad A^- \tag{9.3a}
$$

$$
SH^+ \quad \xrightarrow[\text{律速}]{k_2} \quad P \tag{9.3b}
$$

　この反応の速度は，HA の酸解離定数 K_a を使うと式9.3cのようになる．すなわち，反応速度が HA の種類に関係なく $[H_3O^+]$（または pH）のみに依存することが分かる．一定の pH における擬一次速度定数 k_{obsd} は式9.3dで表せる．

$$
\begin{aligned}
\text{反応速度} &= k_2[SH^+] = k_2(K_1[HA][S]/[A^-]) \\
&= (k_2K_1/K_a)[H_3O^+][S] \tag{9.3c}
\end{aligned}
$$

$$
k_{obsd} = (k_2K_1/K_a)[H_3O^+] \tag{9.3d}
$$

Point

H_3O^+ が酸として強いから唯一の酸触媒になるという記述がよくみられるが，式9.3cに示す変換で H_3O^+ だけに依存するということになる．平衡において生成物 SH^+ に A が含まれないので，反応速度は HA の種類に関係ないことになる．

この形式の反応は，酸の中で H_3O^+ の濃度だけに依存するので，特異酸触媒反応（specific acid-catalyzed reaction：SAC）とよばれる．

　一方，反応9.2の例のように，炭素原子を含むプロトン移動はかなり遅い．このように，プロトン移動に炭素が関わる反応は，一般的にプロトン移動が律速になる．アルケンの酸触媒水和反応が典型的な例であるが，ヘテロ原子へのプロトン移動が律速になる反応もないではない．

　この形式の反応は式9.4aのように表せ，酸が律速段階に直接関与している．中間体 I は存在しなくてもよい．この反応の速度は，溶液に含まれる種々の酸 HA（一般酸という）の濃度に依存し，式9.4bで表される．k_{HA} は触媒定数といわれる．このような触媒反応は一般酸触媒反応（general acid-catalyzed reaction：GAC）とよばれる．

$$S \ + \ HA \xrightarrow[\text{律速}]{k_{HA}} \ I \xrightarrow{\text{速い}} \ P \tag{9.4a}$$

$$反応速度 = k_{HA}[HA][S] \quad または$$
$$k_{obsd} = k_{HA}[HA] \tag{9.4b}$$

9.1.3 緩衝液中における反応速度

　この二つの反応機構を見分けるには，緩衝液を使って pH（$[H_3O^+]$）を一定に保ちながら反応速度を測定し，緩衝剤濃度（したがって，$[HA]$）による変化を調べる．特異酸触媒反応（SAC）の速度は$[HA]$によらず一定であるが，一般酸触媒反応（GAC）では$[HA]$とともに速度が増大する（図9.1）．すなわち，$k_{obsd} = k_H[H_3O^+] + k_{HA}[HA]$　となる．H_3O^+も一般酸の一つである．

Check!

緩衝液については，2.5 節の欄外注で説明した．

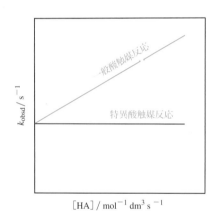

◀ 図 9.1
pH 一定条件（緩衝液中）における酸触媒反応の速度変化

Check!

反応速度同位体効果は，反応基質や溶媒に含まれる原子の一部を同位体元素に（多くの例で H を D に）置き換えたときに観測される反応速度に対する影響のことである．詳しくは，専門書を参照されたい．たとえば，奥山 格，"有機反応論"，6.2 節，東京化学同人（2013）．

　律速段階にプロトン移動が関わっているかどうかは，反応速度同位体効果を測定することによっても判定できるが，本書では述べない．

9.2 酸 触 媒 反 応

9.2.1 特異酸触媒反応

　これまでの章でみた酸触媒反応の中で，第一段階として酸触媒から反応基質の O 原子へのプロトン移動平衡を含む反応機構（SAC）で進む例には，次のようなものがある．

- ・　アルコールの脱水反応（6.5 節）
- ・　エステルの加水分解（7.8.2 項）
- ・　アセタール化（7.4.2 項）とアセタールの加水分解（反応 9.5）

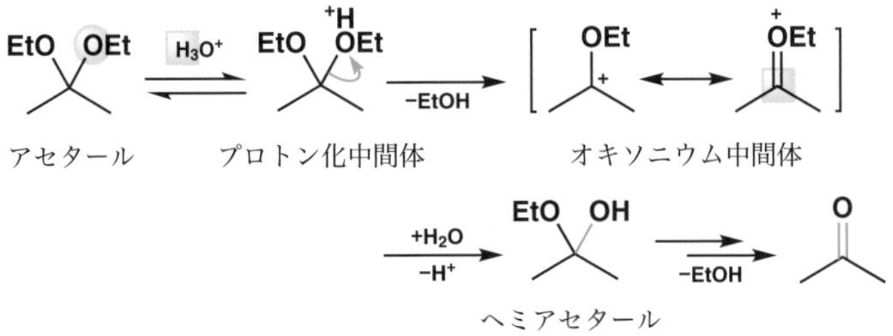

(9.5)

カルボニル化合物の酸触媒水和反応も *O*-プロトン化平衡から始まる SAC の反応のように表した（2.3 節，反応 2.6）が，H_2O の付加に塩基触媒が関わる機構も提案されている（9.3.2 項参照）.

問題 9.1

オキシラン（エポキシド）の酸触媒開環反応は SAC で進行すると考えられている．この反応の機構を書け．

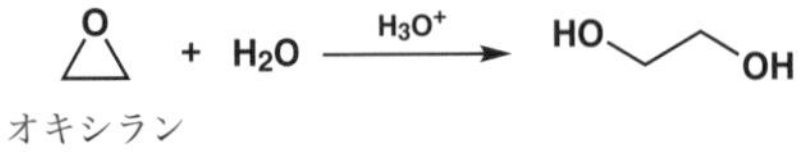

9.2.2　一般酸触媒反応

Point

強酸も水溶液中では部分的に解離して H_3O^+を出している.

アルケンの酸触媒水和反応が GAC の典型的な例であると述べたが，通常のアルケンは反応性が低く強酸が必要であり，弱酸の触媒作用を調べることはできない．そこで反応性の高いエノールエーテル（ビニルエーテル）の水和反応が詳しく調べられた．この反応の生成物はヘミアセタールであり，さらに反応して加水分解になる（反応 9.6）．エノールのケト化も同じように GAC になる（反応 9.7）.

ビニルエーテルの酸触媒加水分解：

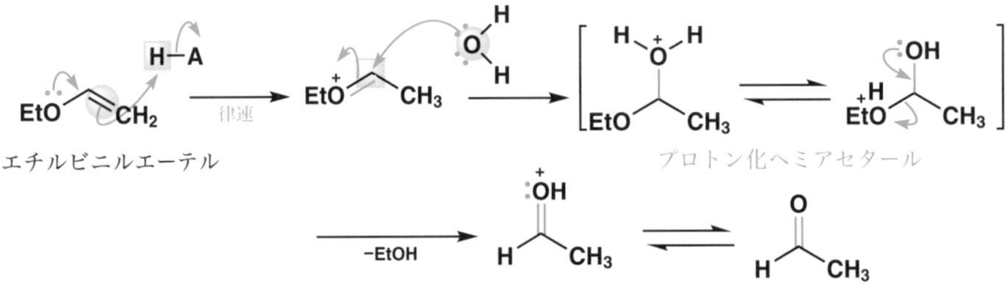

(9.6)

エノールのケト化：

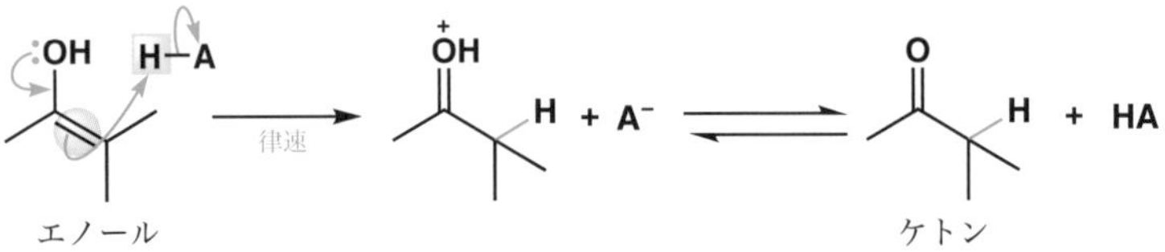

(9.7)

さらにヘテロ原子（O）へのプロトン化が律速になる反応としてオルトエステル（1,1,1-トリアルコキシアルカン）の加水分解がある（反応 9.8）．よく似たアセタールの加水分解（反応 9.5）では最初のプロトン化が平衡的に

起こるために SAC になっているが，この反応ではプロトン化中間体を経ないでオキソニウム（カルボカチオン）中間体を生成するために GAC になる．オキソニウム中間体が共鳴で示すように非常に安定なので，プロトン移動が始まると，それが完結する前に C—O 結合が切れてしまう．すなわち，SAC の特徴であるプロトン移動平衡がみられないで，この過程が律速になり GAC の反応になるのである．

オルトエステルの加水分解：

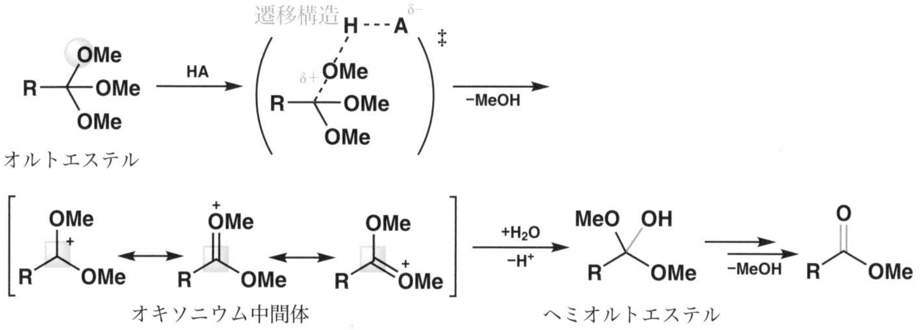

（9.8）

問題 9.2

次のアセタールの酸触媒加水分解は GAC で進行する．反応機構を書いてその理由を説明せよ．

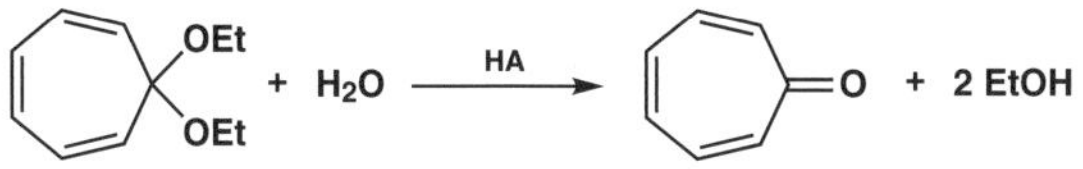

9.3　塩 基 触 媒 反 応

　塩基触媒反応にも特異塩基触媒反応と一般塩基触媒反応がある．ここで先に進む前に，溶媒中で最も強い酸は溶媒の共役酸（H_2O では H_3O^+）であり，最も強い塩基は溶媒の共役塩基（H_2O では HO^-）であることを指摘しておこう．強酸や強塩基を溶媒に溶かすとプロトン移動で溶媒の共役酸あるいは共役塩基が生成する．

9.3.1　特異塩基触媒反応

　特異塩基触媒反応（SBC）は，基質 SH について，反応 9.9a と反応 9.9b のように表せる．見掛けの速度定数 k_{obsd} は式 9.9c で表せ，HO^- による脱プロトンを前段平衡とする形で表される．ここで，K_w は水のイオン積である．

$$SH + B \xrightleftharpoons{K_1} S^- + BH^+ \tag{9.9a}$$

$$S^- \xrightarrow[\text{律速}]{k_2} P \tag{9.9b}$$

$$\text{反応速度} = k_{\text{obsd}}[SH] \quad \text{または} \quad k_{\text{obsd}} = \left(\frac{k_2 K_1 K_{BH^+}}{K_w}\right)[HO^-] \tag{9.9c}$$

代表的な反応例としてヘミアセタールの塩基触媒加水分解（反応 9.10）がある．HO^- が再生されるので触媒反応になっている．

ヘミアセタールの塩基触媒加水分解：

$$\tag{9.10}$$

問題 9.3

反応 9.9a と反応 9.9b に書き込んだ速度定数と平衡定数を用いて，見掛けの速度定数 k_{obsd} が式 9.9c で表せることを示せ．

問題 9.4

2-クロロエタノールの塩基による環化反応は SBC 類似の反応になる．この反応を式で表し，触媒反応にならない理由を説明せよ．

---

8 章でみたアルドール反応の機構は反応 8.12a として律速段階を明らかにしない可逆反応として表していた．1 段階目のエノール化が律速であれば次に述べる一般塩基触媒反応の例になるが，2 段階目がアルデヒドの濃度に依存するので濃度が低いときには遅くなり，1 段階目が可逆になって SBC の例になる（反応 9.11）．

アルドール反応：

$$\tag{9.11}$$

9.3.2 一般塩基触媒反応

一般塩基触媒反応（GBC）では塩基が律速段階で関与する．したがって，基質 SH の GBC による反応は式 9.12a のように起こり（中間体 I は存在しなくてもよい），反応速度は式 9.12b で表せる．

$$\text{SH} \ + \ \text{B} \ \xrightarrow[\text{律速}]{k_\text{B}} \ \text{I} \ \xrightarrow{\text{速い}} \ \text{P} \tag{9.12a}$$

$$\text{反応速度} = k_\text{B}[\text{B}][\text{SH}] \quad \text{または} \quad k_\text{obsd} = k_\text{B}[\text{B}] \tag{9.12b}$$

典型的な GBC の反応は

- 塩基触媒エノール化（8.1 節，反応 8.1）

であり，8 章ではエノール化を経て進む反応がいろいろあることも述べた.

炭素からの脱プロトンが律速となる反応には，アルケンを生成する E2 脱離反応（6.2 節）があり，GBC の機構で表されるが，反応性が低いので強塩基を必要とするため塩基触媒反応としての研究は行われていない．E1cB 機構（6.3 節）は SBC の形式で進んでいる.

カルボニル化合物の水和反応は，塩基性条件では HO⁻ の付加反応として表した（7.3 節）が，詳しく調べると GBC で進んでいることが分かった．反応機構は式 9.13 のように表せる.

カルボニル化合物の塩基触媒水和反応：

$$\tag{9.13}$$

9.3.3 特異酸–一般塩基触媒反応

平衡的なプロトン化によって活性化された基質に一般塩基が触媒的に作用して反応が進む例もよくみられる．反応は形式的に反応 9.14a のように書くことができ，反応速度は式 9.14b で表される.

$$\text{S} \ + \ \text{HA} \ \underset{}{\overset{K_1}{\rightleftharpoons}} \ \text{SH}^+ \ + \ \text{A}^- \ \xrightarrow[\text{律速}]{k_2} \ \text{P} \tag{9.14a}$$

$$\text{反応速度} = k_2[\text{A}^-][\text{SH}^+] = k_2 K_1[\text{HA}][\text{S}]$$
$$\text{または} \quad k_\text{obsd} = k_2 K_1[\text{HA}] \tag{9.14b}$$

すなわち，見掛けの速度定数 k_obsd が単に[HA]に比例するので，反応速度は GAC と同じ形になってしまい区別がつかない．このような触媒反応は特異酸–一般塩基触媒反応というべき反応であり，"見掛け上の GAC" ともよばれ，多くの例がある．その代表が，酸触媒エノール化（8.1 節，反応 8.2 または反応 9.15）とアルデヒド水和物の脱水反応（反応 9.16）である.

酸触媒エノール化：

$$\text{（プロトン化カルボニル化合物）} \quad \text{（エノール）} \tag{9.15}$$

プロトン化カルボニル化合物　　　　エノール

アルデヒド水和物の脱水反応：

$$\text{水和物} \tag{9.16}$$

水和物

問題 9.5

アルデヒドの一般酸触媒水和反応（反応 9.16 の逆反応）がどのように起こるか，反応機構を書け．

9.4 ブレンステッド則

9.4.1 触媒の酸性度と塩基性度

Check!

速度定数や平衡定数の対数値はその反応のギブズ（自由）エネルギーに比例する（コラム 2, p.13 参照）．ギブズエネルギーが自由エネルギーともいわれるので，自由エネルギー直線関係ということも多い．

一般酸・塩基触媒反応において，触媒の効率（触媒定数，k_{HA} または k_B）は酸・塩基の強さ（pK_a または pK_{BH^+}）に依存する．すなわち，速度定数と平衡定数の間にギブズ（Gibbs）エネルギー直線関係が成立する．この関係をブレンステッド（Brønsted）則という（式 9.17）．

$$\log k_{HA} = -\alpha pK_a + 定数 \tag{9.17a}$$
$$\log k_B = \beta pK_{BH^+} + 定数 \tag{9.17b}$$

このギブズエネルギー直線関係の係数，α と β はブレンステッド係数ともいわれ，通常 0〜1 の値になり，遷移状態（TS）におけるプロトン移動の程度を反映していると考えられている．

典型的な例としてビニルエーテルの酸触媒水和反応（加水分解：反応 9.6）のブレンステッド関係を図 9.2 に示す．触媒としてカルボン酸を用いて調べた結果であり，触媒定数 k_{HA} の対数値を触媒の pK_a に対してプロットすると $\alpha = 0.70$ が得られる．

▶ 図 9.2
エチルビニルエーテルの一般酸触媒加水分解（反応 9.6）におけるブレンステッド関係

縦軸 k_{HA} はカルボン酸による触媒定数（25℃）．文献：A.J. Kresge, *et al.*, *J. Am. Chem. Soc.*, **93**, 413 (1971).

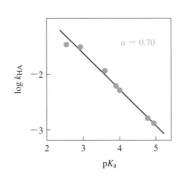

　塩基触媒エノール化と酸触媒エノール化は，いずれもブレンステッド則にしたがう．プロパノンの塩基触媒エノール化（反応 8.1）では $\beta = 0.88$ となり，TS でプロトン移動が非常に進んでいることを示唆している．一方，酸触媒エノール化（反応 9.15）は見掛け上の一般酸触媒反応ではあるが，$\alpha = 0.55$ と観測され，プロトン化ケトンから塩基へのプロトン移動に対しては $\beta = 1 - \alpha = 0.45$ となる．すなわち，活性化された基質からのプロトン移動は TS でそれほど進んでいない（TS が不安定な反応物により近い）ことを示している．二つのエノール化の遷移構造は模式的に図 9.3 のように表される．

◀ 図 9.3
エノール化の遷移構造

塩基触媒反応　$\beta = 0.88$　　　酸触媒反応　$\beta = 0.45$

9.4.2　ブレンステッド関係と二官能性触媒

　カルボン酸誘導体の反応における四面体中間体の分解反応においても GAC が観測されている．反応 9.18 のブレンステッド関係は図 9.4 のようになり，$\alpha = 0.46$ である．この反応においては，最初のプロトン化に連動して MeOH の離脱が起こるために GAC になると結論されている．

$$(9.18)$$

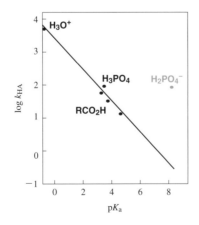

◀ 図 9.4
反応 9.18 における GAC のブレンステッド関係

反応 9.18 の四面体中間体はエステルのメタノーリシスにおける中間体に相当し，単離して加水分解を調べている．文献：M.A. McClelland, G. Patel, *J. Am. Chem. Soc.*, **103**, 6912 (1981).

問題 9.6

反応 9.18 の機構を書け.

　図 9.4 のブレンステッド関係で気づくことは，$H_2PO_4^-$ の点が大きく上方に外れていることである．これは $H_2PO_4^-$ の触媒定数が同じ強さの酸に比べて数百倍大きいことを意味している．リン酸のこのような触媒作用は他のカルボン酸誘導体の反応にもみられ，式 9.19 に示すように同時に酸と塩基の効果を示す二官能性触媒として働くためであると考えられている.

$$ (9.19) $$

9.5　求核触媒反応

　求核置換反応において，一般塩基触媒反応と似た挙動を示す触媒反応がある．塩基はブレンステッド塩基として脱プロトンに関わるだけでなく，ルイス塩基（求核種）として炭素に結合して触媒作用を発揮することがある．このような触媒は求核触媒とよばれる．一般塩基触媒と求核触媒反応は同じ反応速度式にしたがって反応するので，二つを区別することはむずかしい．決定的に異なる点は，求核触媒反応では求核種が炭素で結合した共有結合中間体をつくるということである．しかし，この中間体が観測できることはまれである．触媒となる求核種は無触媒反応における求核種より求核性が高く，中間体からの脱離能が大きいものである必要がある.

Point

求核触媒は共有結合触媒ともいわれる．求核攻撃はブレンステッド塩基の反応に比べると立体障害が大きく，ブレンステッド関係の直線からのばらつきが多くなる.

9.5.1　カルボン酸誘導体の反応における第三級アミン触媒

　カルボン酸誘導体の求核置換反応においては第三級アミンが求核触媒になる（7.9.3 項参照）.

　たとえば，ピリジンは無水酢酸の加水分解を促進する（反応 9.20）．まず(a) アセチルピリジンを共有結合中間体として生成し，次いで (b) 中間体の加水分解が起こる．酢酸イオンを加えると第一段階の（逆反応を起こし）平衡が抑えられて，ピリジンによる求核触媒反応は阻害される．もし，ピリジンが一般塩基として反応を促進しているのであれば，酢酸イオンも一般塩基触媒になるはずである.

求核触媒

無水酢酸 + ピリジン ⇌ 共有結合中間体 + AcO⁻ (9.20a)

+ H₂O ⟶ ＋ ＋ HN⁺ (9.20b)

4-アミノピリジンは，さらに塩基性を増強した求核触媒として広く使われている．その代表は 4-ジメチルアミノピリジン（DMAP）である（反応 9.21）.

DMAP + → AcO⁻ ROH DMAP エステル (9.21)

酢酸フェニルの加水分解は，種々の塩基（求核種）によって加速されるが，ブレンステッド関係はばらつきが大きい．触媒の一つはイミダゾールであり，共有結合中間体のアセチルイミダゾールがスペクトルで観測されている．反応は式 9.22 のように 2 回の付加-脱離による求核置換反応で進行する.

Point

イミダゾールはヒスチジン（α-アミノ酸の一つ）の側鎖に含まれ，加水分解酵素の活性中心で求核触媒として働いている.

イミダゾール 四面体中間体 −PhO⁻ 共有結合中間体 −ImdH⁺

四面体中間体 −HO⁻ (9.22)

Check!

イミニウムイオンの pK_a が 6 であれば pH 7 で約 10% イミニウム形（酸）になっている（2.5 節参照）.

9.5.2 カルボニル化合物の反応における第二級アミン触媒

カルボン酸誘導体の反応には第三級アミンが求核触媒となったが，アルデヒドやケトンの反応には第一級あるいは第二級アミンが触媒になる．カルボニル化合物はアミンと反応して容易にイミニウムイオンを生成する（7.6 節）．イミニウムイオンはカルボニル基よりも求電子性が高く，その pK_a は 6 くらいなので，中性に近い条件で高い反応性を示す．したがって，その生

Point

イミニウムイオンは LUMO を下げて求電子性を増強し，エナミンは HOMO を上げて求核性を増強しているといえる.

成と加水分解が十分に速ければ，アミンが優れた求核触媒になる．さらに，
イミニウムイオンがエナミンになると求核性中間体として，求電子種との反
応を効率よく進めることもできる．8章ではエナミンがエノラート等価体と
してアルデヒドに付加し，加水分解によって交差アルドールを与えることを
示した（反応8.27）．

　反応9.23にアニリンがイミニウムイオンをつくってβ-ケト酸の脱炭酸を
促進する例を示す．

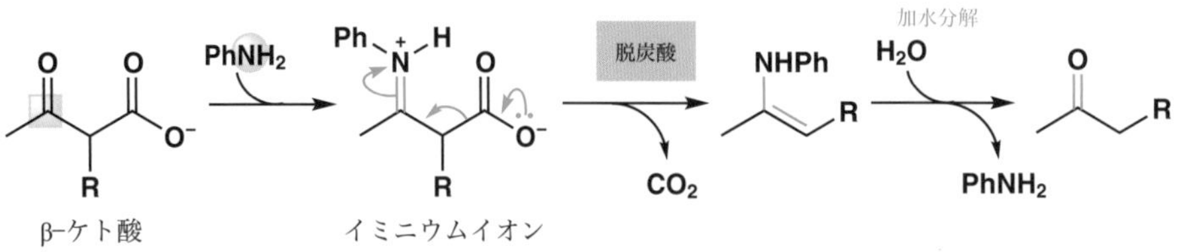

(9.23)

　エノンへの共役付加がアミンによって加速される反応も知られている（反
応9.24）．これらの反応ではイミニウム塩が共有結合中間体として存在する．

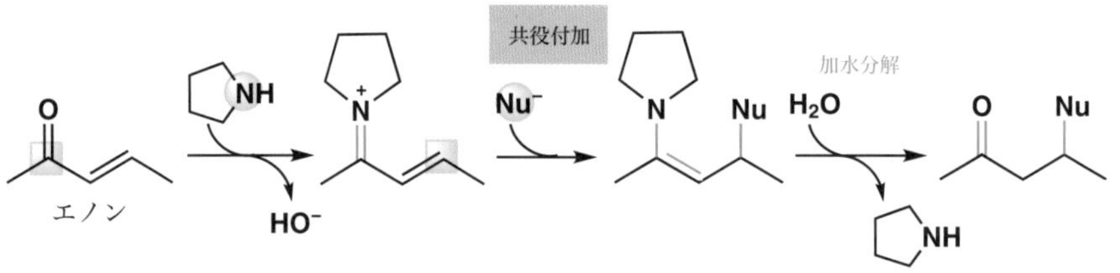

(9.24)

　同じような反応がα-アミノ酸のL-プロリンによって促進される例も知ら
れている（反応9.25）．この反応ではカルボキシ基が一般酸として触媒作用
を示すだけでなく反応の立体化学も制御している．

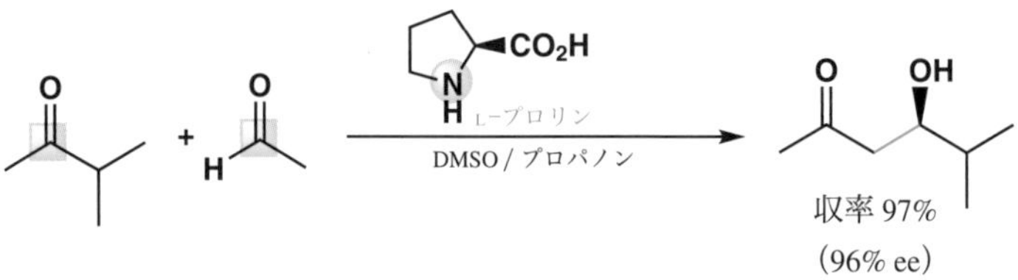

(9.25)

収率97%
（96% ee）

問題 9.7

反応8.27にならって，反応9.25がどのように進むか示せ．

　反応9.25にならってイミニウム塩やエナミンを中間体とする立体選択的
な反応を行うキラルな分子触媒が開発され，有機分子触媒として新しい合成
反応に展開されている．そのような有機分子触媒の例には，次のようなもの
がある．第二級アミンや二官能性酸塩基触媒にキラル要素を入れたものであ
る．

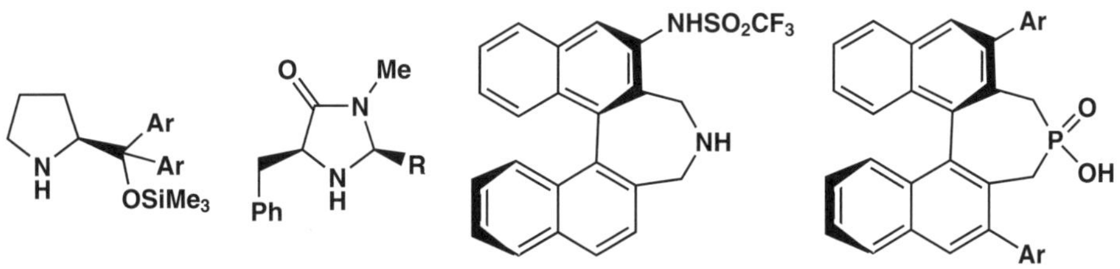

9.5.3 ピリドキサールによるアミノ酸の変換

　このような共有結合触媒や多官能性の触媒作用は酵素反応に一般的にみられるものであり，たとえば，図 9.5 に示すように，補酵素のピリドキサールリン酸（PLP，ビタミン B_6）はアミノ酸の脱炭酸，アミン交換，ラセミ化などを触媒している．PLP は実際には酵素にイミンの形で結合しており，イミン交換（イミノ基転移）でアミノ酸と結合する．アミノ酸のイミン中間体から脱プロトンあるいは脱炭酸で生じた PLP 中間体は図 9.5 の 2 段目に示すような共鳴混成体として表される．

▼ 図 9.5
ピリドキサールのイミニウムイオン中間体の共鳴と生成物

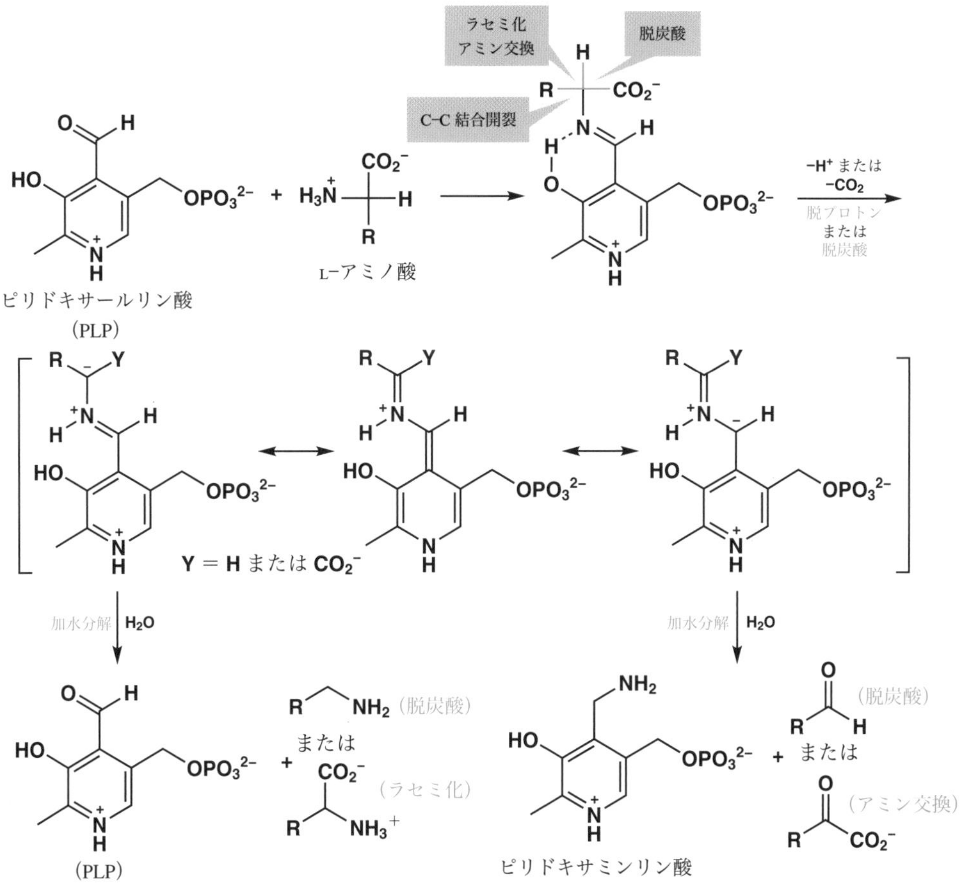

脱プロトンと再プロトン化でラセミ化が起こり，加水分解するとラセミ化したアミノ酸とアミン交換（アミノ基転移）で生成した α-ケト酸になる．脱炭酸生成物はアミンとアルデヒドである．PLP はそのまま回収されるか，ピリドキサミンリン酸になる．後者は逆反応の触媒になり PLP を再生する．PLP はアルデヒドであり，求電子種としてイミンを形成するので求電子触媒の一つである．

C—C 結合開裂はトレオニン（問題 9.8 参照）のような HO 基をもつアミノ酸にみられる逆アルドール型の反応を促進する．

問題 9.8

トレオニンは $CH_3CH(OH)CH(NH_2)CO_2H$ の構造をもつアミノ酸である．PLP によるトレオニンの C—C 結合開裂の生成物は何か．また，反応がどのように起こるか示せ．

付表 1　酸および塩基としての有機化合物

有機化合物	一般式	例	酸性中心	反　応	章・節・項	塩基性中心	反　応	章・節・項
アルカン	R−H	CH₃CH₃	C−H	脱プロトン	2.6.1, 2.7			
アルケン	＞C=C＜	(H₂C=CH₂)	C−H	脱プロトン	2.6.1	C=C	求電子付加	3
芳香族化合物（アレーン）	Ar−H	⬡	C−H	脱プロトン	4.8.2	C=C	求電子置換	4
アルコール	R−OH	CH₃CH₂−OH	O−H	酸解離	2.6	＞O:	酸触媒脱水	6.5
エーテル	R−O−R	CH₃−O−CH₃				＞O:	酸触媒開裂	5.6.3
アミン	R−NH₂ R₂NH, R₃N	CH₃−NH₂	N−H	脱プロトン	2.6	＞N:	塩基として反応	2.6.1 7.6
ハロアルカン	R−X （X=ハロゲン）	CH₃CH₂−Cl	C−X βC−H	求核置換 脱離	5 6	−X:	ルイス酸による開裂	4.4
ハロアレーン	Ar−X （X=ハロゲン）	⬡−Cl	C−X	求核置換	4.8.1			
カルボニル化合物（アルデヒド・ケトン）	(C=O)	(CH₃CHO)	C=O αC−H	求核付加 エノール化	7 6	=O:	酸触媒反応	7
カルボン酸	(COOH)	CH₃COOH	O−H	酸解離	2.6			
カルボン酸誘導体 （Y=OR, OCOR, Cl, NR₂）	(C(=O)Y)	CH₃COOC₂H₅	C=O αC−H	求核置換 エノール化	7 8	=O:	酸触媒反応	7

付表 2 プロトン酸の酸性度定数 pK_a

無機酸

H_2O	15.74(14.00)*
H_3O^+	$-1.74(0.00)$*
HI, HBr, HCl	$-10 \sim -7$
HF	3.17
$HClO_4$	-10
H_2SO_4	-3
HSO_4^-	1.99
FSO_3H	-5.6
HNO_3	-1.64
H_3PO_4	1.97
$H_2PO_4^-$	6.82
HPO_4^{2-}	12.3
HCO_3^-	10.33
HCN	9.1
$B(OH)_3$	9.23
HOOH	11.6
H_2S	7.0
NH_4^+	9.24
NH_3	35

アルコール・フェノール

CH_3OH	15.5
CH_3CH_2OH	15.9
$(CH_3)_2CHOH$	17.1
$(CH_3)_3COH$	19.2
$ClCH_2CH_2OH$	14.3
CF_3CH_2OH	12.4
PhOH	9.99

カルボン酸

HCO_2H	3.75
CH_3CO_2H	4.76
$(CH_3)_3CCO_2H$	5.03
$CH_3OCH_2CO_2H$	3.57
$ClCH_2CO_2H$	2.86
Cl_2CHCO_2H	1.35
CF_3CO_2H	-0.6
$PhCO_2H$	4.20
$HO_2CCH_2CO_2H$	2.85
$^-O_2CCH_2CO_2H$	5.70

スルホン酸・スルフィン酸

$PhSO_3H$	-2.8
CH_3SO_3H	-1.9
CF_3SO_3H	-5.5
$PhSO_2H$	1.21

有機リン酸類

$CH_3OP(O)(OH)_2$	1.54, 6.31
$(MeO)_2P(O)(OH)$	1.29
$CH_3P(O)(OH)_2$	2.38, 7.74
$(CH_3)_2P(O)(OH)$	3.1

チオール・チオ酸

CH_3SH	10.33
PhSH	6.61
$CH_3C(O)SH$	3.43
$CH_3C(S)SH$	2.57

アミン

$(Me_2CH)_2NH$	38
$PhNH_2$	27.7

アンモニウムイオン

$CH_3NH_3^+$	10.64
$C_2H_5NH_3^+$	10.63
$(C_2H_5)_2NH_2^+$	10.93
$(C_2H_5)_3NH^+$	10.72
$HOCH_2CH_2NH_2^+$	9.50
$H_2NCH_2CH_2NH_2^+$	9.98
$H_3N^+CH_2CH_2NH_2^+$	7.52
$PhNH_3^+$	4.60
ピペリジニウム (NH_2^+)	11.12
モルホリニウム (O, NH_2^+)	8.4
ピペリジン (NH^+)	11.0
DABCO (N, N^+H)	8.4
イミダゾリウム (HN, N^+H)	6.99
ピリジニウム (N^+H)	5.25
DBN	13.5
DBU	12.5
グアニジニウム ($H_2N-C(=N^+H_2)-NH_2$)	13.6

炭素酸

シクロペンタジエン CH_2	16
CH_3COCH_3	19.3
CH_3COEt	25.6
$CH_3COCH_2COCH_3$	8.84
CH_3CN	28.9
CH_3NO_2	10.2
スルホラン CH_2	31
CH_3SCH_3	33

有機反応基質の共役酸

$CH_3\overset{+}{O}H_2$	-2.05
$(CH_3)_2\overset{+}{O}H$	-2.48
$(CH_3)_2\overset{+}{S}H$	-6.99
CH_3CCH_3 (+OH)	-3.06
CH_3COMe (+OH)	-3.90
CH_3CNMe_2 (+OH)	-0.21
CH_3SCH_3 (+OH)	-1.54
$CH_3-\overset{+}{N}(O)(OH)$	-12
$Ph_2C=\overset{+}{N}H_2$	7.2
$CH_3-C\equiv\overset{+}{N}-H$	-10

* ( )内の数値は溶媒としての H_2O と対応する H_3O^+ の pK_a であり，他のデータは溶質としての pK_a である.

問 題 の 解 答

1 章

1.1 $\overset{\delta+}{C}-\overset{\delta-}{N}$ $\quad$ $\overset{\delta+}{C}-\overset{\delta-}{Cl}$ $\quad$ $\overset{\delta-}{C}-\overset{\delta+}{Li}$ $\quad$ $\overset{\delta-}{N}-\overset{\delta+}{H}$ $\quad$ $\overset{\delta-}{O}-\overset{\delta+}{H}$

1.2 (a) (c) (d) (e) (g)

2 章

2.1

$$H-\overset{\cdot\cdot}{\underset{H}{O}}-H \ + \ \overset{\cdot\cdot}{\underset{\cdot\cdot}{Cl}}\overset{\cdot\cdot}{}{}^{-} \longrightarrow H-\overset{\cdot\cdot}{\underset{H}{O}} \ + \ H-\overset{\cdot\cdot}{\underset{\cdot\cdot}{Cl}}\overset{\cdot\cdot}{}$$

2.2 Oは第2周期元素だがSは第3周期元素である．したがって，O—H結合はS—H結合よりも強く，切れにくいのでMeOHはMeSHよりも弱酸である．

2.3

$$R-\overset{O}{\underset{}{S}}-O^- \longleftrightarrow R-\overset{O}{\underset{}{S}}=O \longleftrightarrow R-\overset{O}{\underset{O}{S}}=O$$

2.4 アニリンはNの非共有電子対が共鳴で表されるように非局在化しているが，プロトン化されると非局在化による安定化が失われるため，それだけプロトン化されにくい（塩基性が低い）．

2.5 ピロールのNの非共有電子対は6π電子芳香族系に含まれ非局在化しているが，プロトン化されると芳香族性が失われるのでプロトン化されにくい（塩基性が低い）．一方，ピリジンのNの非共有電子対はπ電子系に直交しているのでプロトン化されても芳香族性は失われない．

2.6 塩素の電子求引効果によって酸性度が高くなっている．その効果は結合電子対の偏りによって伝わるが，結合ごとに減衰する．

2.7 メタ位のClは電子求引効果で酸性を強くしているが，パラ位のClは非共有電子対が非局在化してカルボニル基と共役するために電子求引性が弱くなり，その分だけ酸性を強くする効果が小さくなる．

2.8 アセチル基に関係のないフェノキシドイオンの共鳴（反応2.12の下）に加えて，次のようにアセチル基がO⁻と直接共役した共鳴寄与式が書ける．

2.9 pK_a 2.34は正電荷をもつH₃N⁺基の電子求引効果で酸性度が高くなったカルボン酸の酸解離に相当する．2段目のpK_a 9.60はCO₂⁻基をもつH₃N⁺の酸解離に対応するが，置換基としてのCO₂⁻基の電子効果が小さいこと（単純なRNH₃⁺のpK_aは約10）は妥当である．

$$H_3N^+CH_2CO_2H \underset{pK_a\ 2.34}{\overset{-H^+}{\rightleftharpoons}} H_3N^+CH_2CO_2^- \underset{pK_a\ 9.60}{\overset{-H^+}{\rightleftharpoons}} H_2NCH_2CO_2^-$$
グリシン

2.10 ベンジルアニオンの共鳴は，下のように反応2.12の下にあるフェノキシドイオンの共鳴と同等であり，等電子的であることがわかる．

3 章

3.1

3.2 HO
PhCH—CH₃

3.3 RO—CH=CH₂ ⟷ RO⁺—CH—CH₂⁻

3.4

3.5

3.6

3.7

3.8 Br$_2$ の付加ではブロモニウムイオンを生成し，非局在化しにくいので 1,2-付加しやすい．MeOH の求核攻撃で下に示すような 1,2-付加物が生成すると逆反応も起こしにくいので主生成物になる．他の求電子種は非局在化したアリル型カチオンを生成するので 1,4-付加を起こしやすい．

4-ブロモ-3-メトキシ-1-ブテン

3.9 4 位プロトン化が起こるとアリル型カチオンが生成し 1,2-付加物 **1** と 1,4-付加物 **2** が生成し，Ph も共役して安定な **1** が主生成物になる．2 位プロトン化も可能であるが，中間体カチオンの安定化が小さいので **3** の生成はあまりみられない．

1-フェニル-1,3-ブタジエン

3.10

4 章

4.1

4.2 R-C≡O$^+$ ⟷ R-$\overset{+}{\text{C}}$=O

4.3

4.4

4.5

4.6 メタ置換：

パラ置換：

4.7 パラ置換：

メタ置換：

4.8 置換基の電子供与性が大きいほど反応性は高く，電子求引基は反応性を下げる．

(a) PhOMe > PhCH$_3$ > PhH > PhNO$_2$

(b) PhNHAc > PhH > PhF > PhCF$_3$

(c) PhCH$_2$CH$_3$ > PhH > PhCl > PhCN

4.9 （a）

4.10 パラ付加：

オルト付加：

O⁻による安定化効果がないのでメタ付加は起こらない．

4.11

4.12

5 章

5.1

（R）-2-ブロモブタン　（R）-2-ブタノール

S_N2 反応で立体反転が 2 回起こるので，立体保持の生成物が得られる．

5.2 第一級，第二級，第三級の順に反応性が下がる．分枝があると反応性は低下する．したがって，次の順になる．

第一級　　第一級(分枝)　　第二級　　第三級

5.3 下に示すように 1 位に t-ブチル基が結合した構造になっており，立体障害が大きいので S_N2 反応を起こしにくい．

1-ブロモ-2,2-ジメチルプロパン

5.4

5.5 S_N1 反応で生成する中間体のアリルカチオンとベンジルカチオンはいずれも非局在化しているが，後者のほうが安定なので $PhCH_2OTs$ の反応性が高い．（ベンジルカチオンの非局在化については問題 3.5 で考えた．）

5.6

5.7 （a）は第一級アルコールなので O-プロトン化に続いて，S_N2 機構でハロゲン化が起こる．X⁻の求核性の順に反応は速い（HCl ＜ HBr ＜ HI）．一方，（b）は第三級アルコールなので S_N1 機構で反応する．最初のイオン化が律速なので，反応の速さは HX の種類によらずほぼ同じである．

5.8 第三級アルコールは HO 基をもつ炭素に水素（α 水素）をもたないので酸化されない．

5.9 水和物はアルコール（ジオール）で α 水素があるので酸化される．

アルデヒド　水和物

カルボン酸

5.10

塩基性条件では S_N2 反応が起こるが，酸性条件では O-プロトン化によりメチル置換 C との結合がゆるむと，正電荷が生じ H_2O の攻撃を受ける．（酸性条件の反応性は S_N1 機構でも説明できるが，立体反転が起こることから S_N1 機構は否定されている．）

6 章

6.1

2-ブロモ-2-メチルペンタン → EtOH

（OEt 生成物）

S_N1 反応と E1 反応により反応式に示した生成物ができる．生成比は示した順に小さくなると予想される．

6.2

3-ブロモ-2-メチルペンタン → EtONa

（シス体も生成する）

6.3 I^- は優れた脱離基であり E1 的になり内部アルケンが主生成物になるが，F^- の脱離能は非常に小さいので E1cB 的になり末端アルケンの比率が大きくなる．

6.4 第三級アルコールの酸触媒反応なので E1 反応となり，内部アルケンの比率が大きくなる．

6.5 中間体としてエノラートイオンを生成しやすいので E1cB 機構になる．

6.6

6.7 1,2-メチル移動を起こして安定なオキソニウムイオンになるので転位が起こる．

6.8 （a）第三級ハロアルカンを強塩基と反応させているので E2 反応により多置換アルケンを生成する．（b）ヨウ化物イオンは弱塩基で求核性が高いので第二級ハロアルカンと S_N2 反応を起こし，立体反転の生成物を与える．（NaI はプロパノンによく溶けるが，副生する NaBr は溶けにくいので析出して平衡が偏り，反応がうまく進む．）

（a）2-メチル-2-ブテン
（b）cis-1-ヨード-4-メチルシクロヘキサン

7 章

7.1 $N≡C^-$ と $HC≡C^-$ を比べると，N のほうが HC よりも電気陰性で共役アニオンの負電荷を引きつけて安定化している．そのために HCN の pK_a が小さく，酸性がより強い．

7.2

7.3 順に，ブレンステッド酸塩基反応，ルイス酸塩基開裂，ルイス酸塩基反応，ブレンステッド酸塩基反応．

7.4

プロトン移動

7.5

プロトン移動

環状アセタール

7.6

7.7 ブレンステッド酸塩基反応，ルイス酸塩基反応，ブレンステッド酸塩基反応（四面体中間体の H^+ 移動），ルイス酸塩基開裂，ブレンステッド酸塩基反応

7.8 アシル C とアルコキシ O の結合開裂で起こる．アルコキシ O を ^{18}O で標識し，生成してくるアルコールに ^{18}O が残っているかどうか調べればよい．

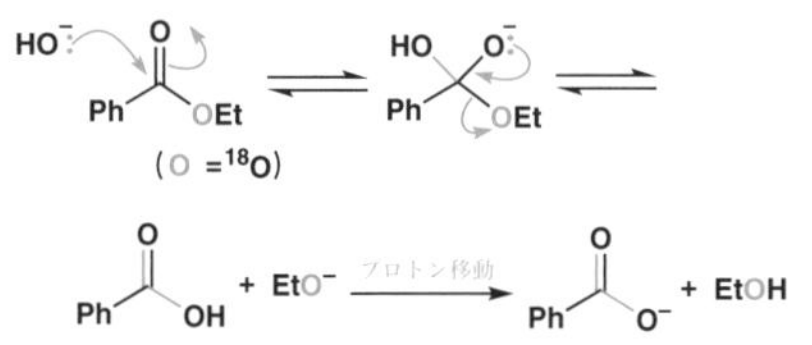

7.9

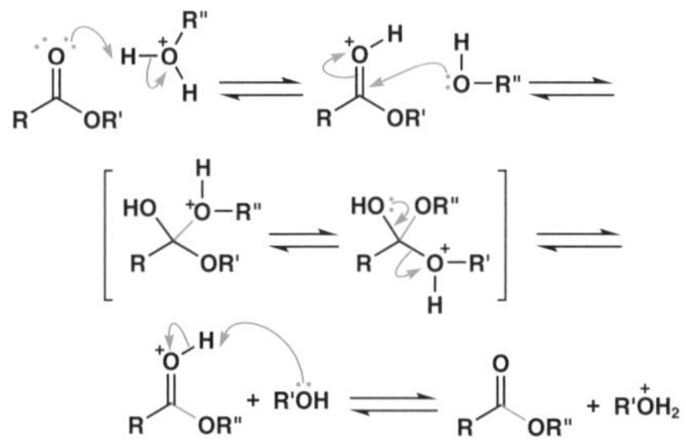

7.10 アルコール交換はエステルへのアルコキシドの付加-脱離で起こるが，カルボン酸は塩基性アルコールに溶かすとイオン化してカルボン酸イオンになり求電子性を失うためアルコキシドが反応できず，エステル化は進まない．

8 章

8.1 次のようにフェニル基と共役して安定化されたエノールが生成するので K_E はプロパノンよりも大きい．

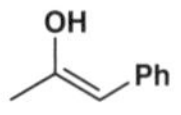

8.2 pK_a（エノール）約 11 と計算できる．
K_a（プロパノン）$= [H_3O^+][$エノラート$]/[$プロパノン$]$ と
$K_E = [$エノール$]/[$プロパノン$]$ の関係から，
K_a（エノール）$= [H_3O^+][$エノラート$]/[$エノール$]$
$= K_a$（プロパノン）$/K_E$ となる．
したがって，pK_a（エノール）$=$ pK_a（プロパノン）$+ \log K_E$
$= 19.3 - 8.33 =$ 約 11

8.3

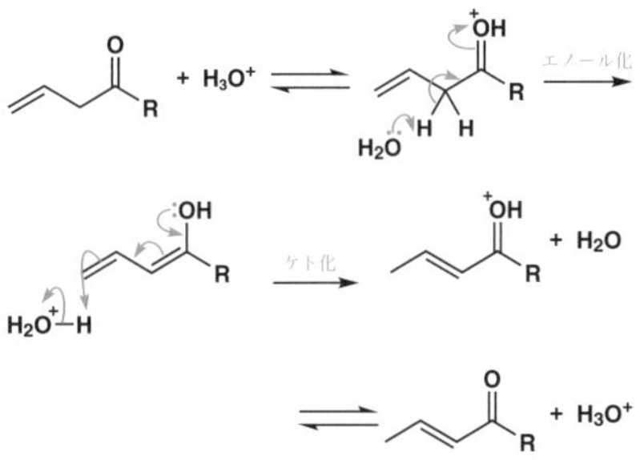

8.4

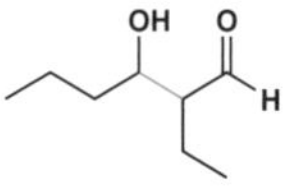

8.5

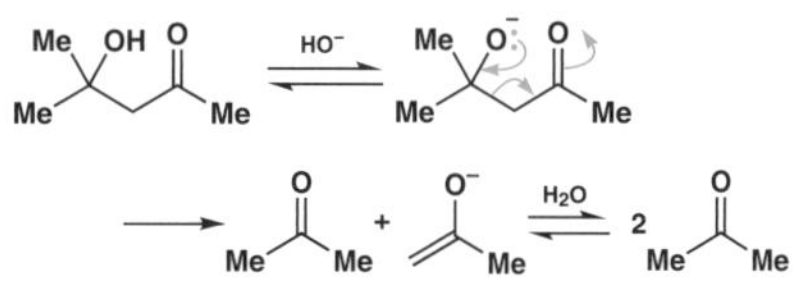

8.6

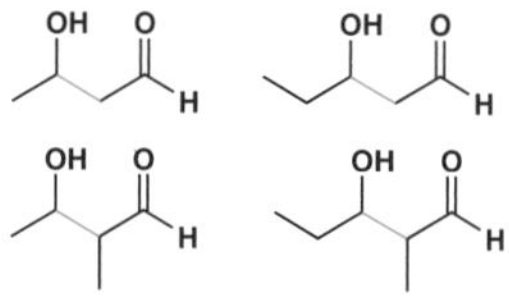

8.7

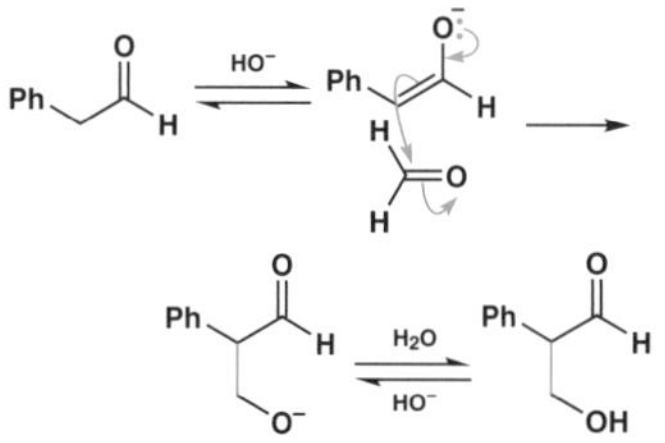

8.8

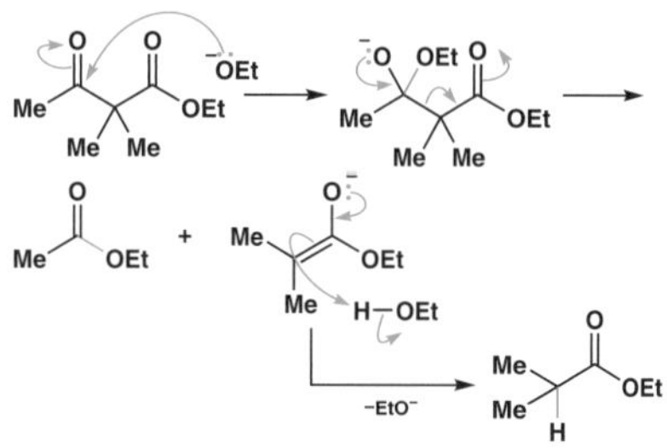

3-オキソブタン酸エチルに塩基を作用させるとエノラート生成の平衡が優先的に起こる．

8.9

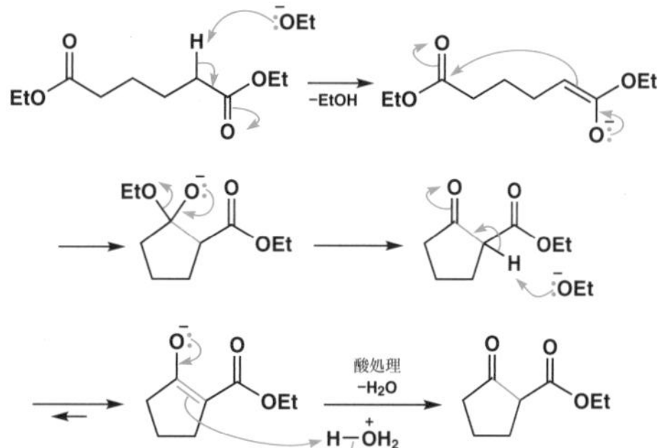

（酸処理することによって最終生成物になる．）

8.10

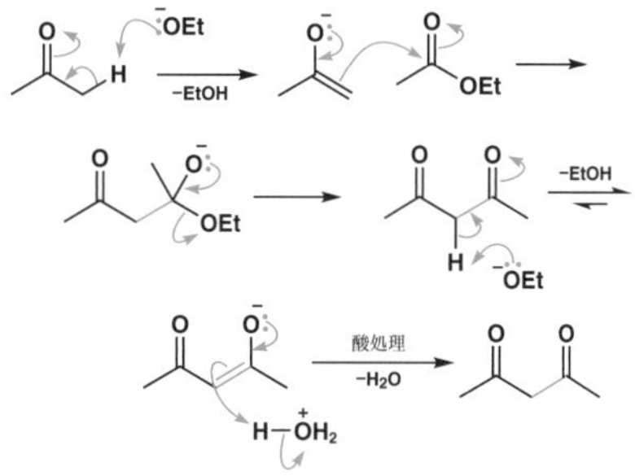

8.11

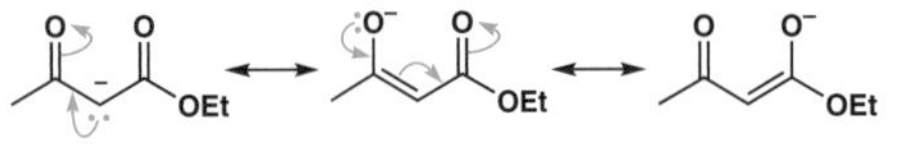

エノラート形寄与式が安定であり，しかも残ったカルボニル結合がエトキシ基と共役できる 2 番目の構造の寄与が最も重要である．

8.12

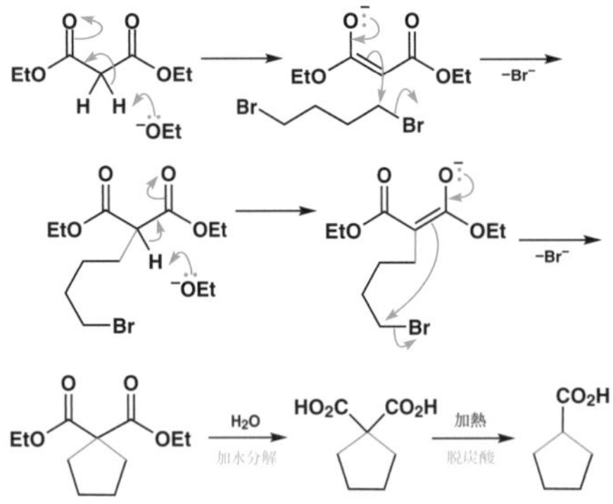

8.13

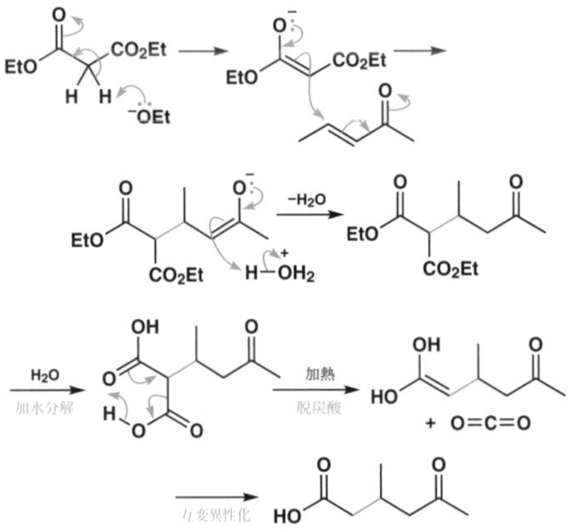

8.14

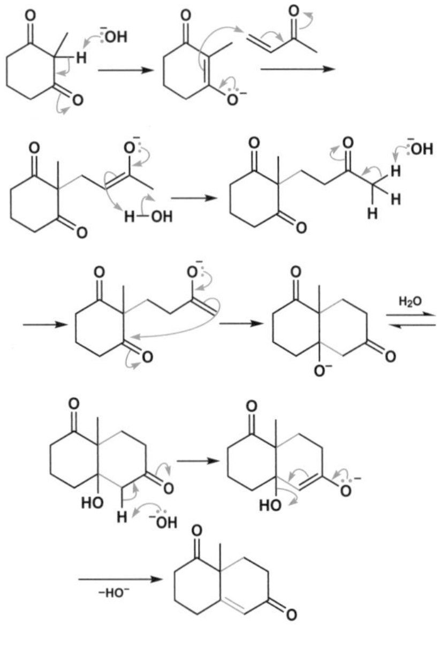

8.15

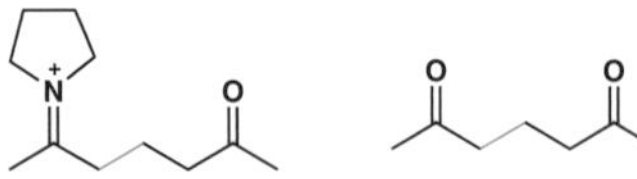

8.16

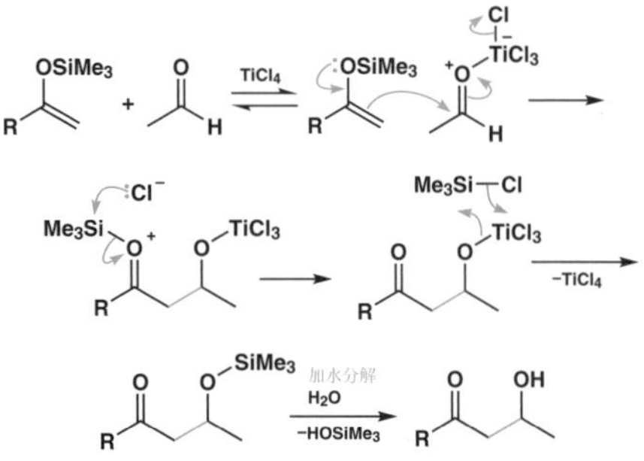

9 章

9.1

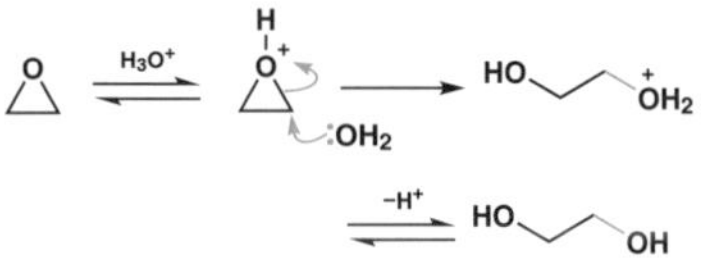

9.2 最初に生成するカチオンが芳香族性をもち安定であるため，プロトン化と同時に生成する．このプロトン化が律速になり，GAC になる（反応 9.8 と同様）．

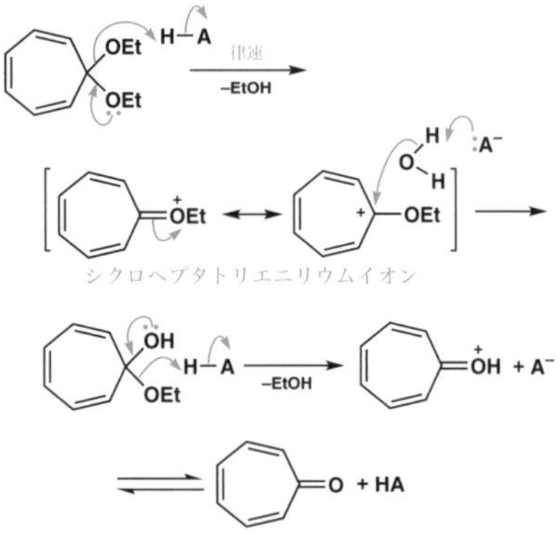

シクロヘプタトリエニリウムイオン

9.3 $K_1 = [S^-][BH^+] / [SH][B]$, $K_{BH^+} = [B][H_3O^+] / [BH^+]$, $K_w = [H_3O^+][HO^-]$ の関係を用いて，反応速度式は次のように変換できる．

反応速度 $= k_2[S^-] = k_2 K_1([SH][B] / [BH^+])$
$= k_2 K_1([SH] K_{BH^+} / [H_3O^+])$
$= k_2 K_1 K_{BH^+}([SH][HO^-] / K_w)$
$= (k_2 K_1 K_{BH^+} / K_w)[HO^-][SH]$

すなわち，$k_{obsd} = (k_2 K_1 K_{BH^+} / K_w)[HO^-]$ となる．

9.4

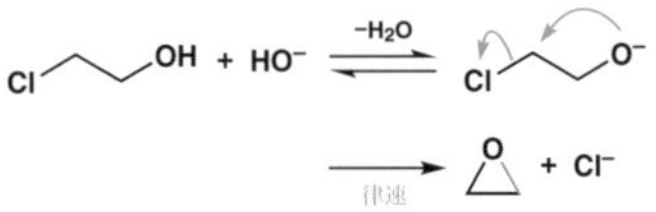

副生物の Cl^- の塩基性が弱いので HO^- が消費されるため触媒にならない．

9.5

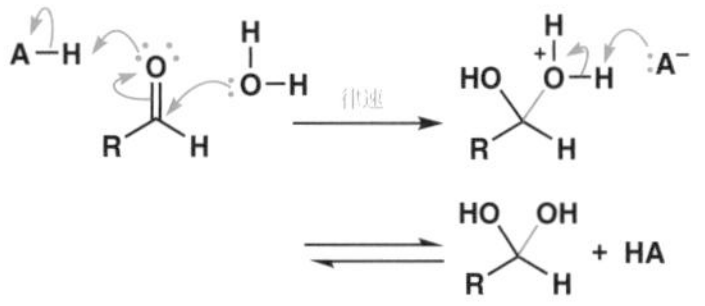

（水和反応は反応 9.16 の逆反応になっている．律速段階も
同じ過程である．）

9.6

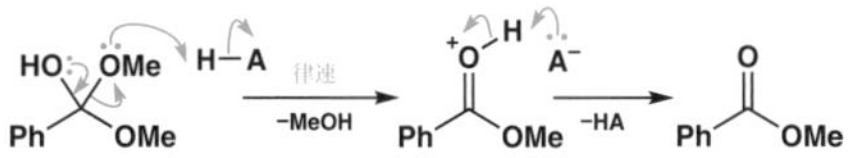

9.7 プロリンを第二級アミンとして R₂NH で表す（エナ
ミンの生成は 7.6 節参照）．

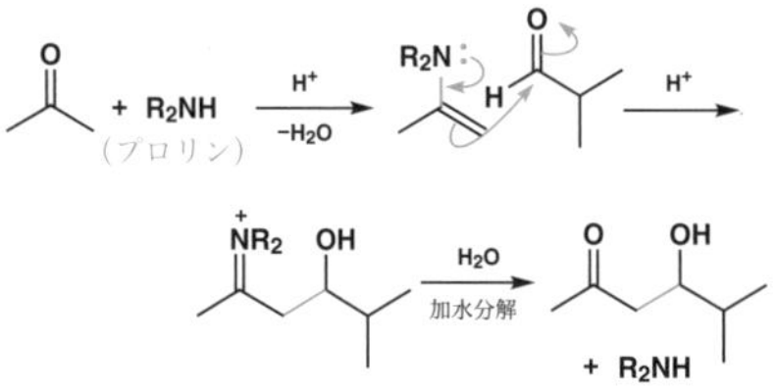

9.8 生成物は CH₃CHO + H₃NCH₂CO₂⁻ である．

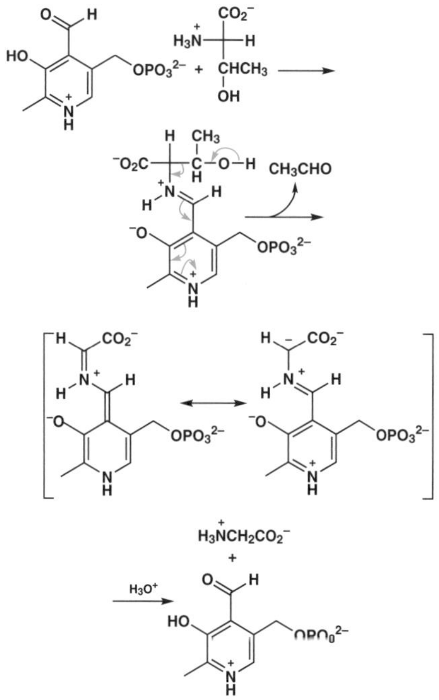

索　引

⇨ は "も見よ", ➡ は "を見よ" を示す．（　）内は読まない．

著者紹介

奥山 格（おくやま ただし）
1968 年　京都大学大学院工学研究科博士課程修了
1968〜1999 年　大阪大学基礎工学部
1999〜2006 年　姫路工業大学・兵庫県立大学理学部
現　在　兵庫県立大学名誉教授
専　門　物理有機化学・ヘテロ原子化学

酸と塩基の有機反応化学

　　　　　　　　　　令和 3 年 7 月 30 日　発　行

著作者　　奥　　山　　　　格

発行者　　池　　田　　和　　博

発行所　　**丸善出版株式会社**
　　　　　〒101-0051 東京都千代田区神田神保町二丁目17番
　　　　　編集：電話 (03)3512-3263／FAX (03)3512-3272
　　　　　営業：電話 (03)3512-3256／FAX (03)3512-3270
　　　　　https://www.maruzen-publishing.co.jp

© Tadashi Okuyama, 2021

組版印刷・製本／三美印刷株式会社

ISBN 978-4-621-30637-6　C 3043　　　　　Printed in Japan